WALTHER FREIHERR VON HOLZHAUSEN

Logik und Zweckreinheit im neudeutschen Schachproblem

Eine Denkschrift zum 25 jährigen Jubiläum des „Indischen Problems" von Kohtz und Kockelkorn

Nebst zwei anderen problemschachlichen Abhandlungen

Mit 155 Diagrammen

Berlin und Leipzig
WALTER DE GRUYTER & CO.
vormals G. J. Göschen'sche Verlagshandlung - J. Guttentag, Verlagsbuchhandlung
Georg Reimer - Karl J. Trübner - Veit & Comp.
1928

Druck von Metzger & Wittig in Leipzig

Vorwort.

In Fortsetzung der durch die *Brennpunktprobleme* (1926) eingeleiteten Arbeit lege ich hiermit den zweiten Teil meines „Problembuchs“ in die Hände der Schachfreunde.

Das Hauptkapitel, das zugleich der ganzen Broschüre den Namen gibt — Logik und Zweckreinheit im neudeutschen Schachproblem — bezeichnet sich als Denkschrift zum 25jährigen Jubiläum des *Indischen Problems*. Von diesem Buche der inzwischen heimgegangenen Altmeister Kohtz und Kockelkorn hat bekanntlich die neudeutsche Bewegung im Problemwesen ihren Ausgang genommen. Bewegung aber bedeutet unablässiges Vorwärtsschreiten. Es versteht sich daher von selbst, daß die vorliegende Arbeit in manchen Stücken über das *Indische Problem* hinausführt.

Trägt das Hauptkapitel allgemeineren Charakter, so behandeln die beiden nachfolgenden Kapitel spezielle Ideengebiete. Und zwar habe ich aus meinem handschriftlichen Vorrat die antikritischen und Turtonschen Manöver und die Tempospiele ausgewählt. Auch dort benutzte ich jede Gelegenheit, um zu grundsätzlichen Fragen der Problemkunst Stellung zu nehmen.

Die Problembeispiele sind großenteils meiner eigenen Produktion entnommen, denn ich hege zugleich die Absicht, dem Leser nach und nach einen Überblick über mein gesamtes Schaffen zu geben.

Für Beihilfe zu den Quellenangaben bin ich den Herren Dr. E. Birgfeld, O. Dehler, Dr. M. Henneberger, A. Hild, G. Hume, O. Korschelt, P. A. Orlimont und Dr. E. Palkoska zu Danke verbunden.

Magdeburg, im November 1928.

Der Verfasser.

Inhaltsübersicht.

Logik und Zweckreinheit im neudeutschen Schachproblem.

Es ist gerade ein Vierteljahrhundert her, seitdem die neudeutsche Problemrichtung durch das bahnbrechende Buch von Kohtz u. Kockelkorn ins Leben gerufen wurde. Das Kampfgeschrei, das sich darob erhoben hatte, ist nun längst verstummt, und die neue Richtung hat sich ihren Platz an der Sonne erobert. Wenn ich das Jubiläum zum Anlaß nehme, um mir selbst und anderen über die neudeutschen Ziele und Bestrebungen Rechenschaft abzulegen, so geschieht dies also ohne jede polemische Nebenabsicht. Im übrigen möchte ich gleich vorweg bemerken, daß ich nicht etwa als bevollmächtigter Wortführer rede, sondern lediglich meine persönlichen Ansichten zum besten gebe.

Die populäre Meinung hält sich in Kunstfragen gern an das Gegenständliche, und so erblicken denn auch viele Kritiker in der neuen Schule eine Art Kultusgemeinschaft zur Pflege von bestimmten Problemvorwürfen. Sobald ihnen z. B. eine Schnittpunktkombination, eine Bahnung oder eine Römische Lenkung entgegentritt, da ist für sie das Kennzeichen der modernen Richtung gegeben. Nun ist es ja unbestreitbar, daß die neudeutschen Komponisten unter dem Einfluß des *Indischen Problems* von Kohtz u. Kockelkorn die neuerschlossenen Kombinationsgebiete mit Vorliebe bearbeitet und weiter ausgebaut haben. Ohne diesen Nährboden wäre das neue Problemwesen wohl auch schwerlich zu seiner heutigen Blüte gediehen. Aber im letzten Grunde kann eine Kunstrichtung, wenn sie diesen Namen verdienen soll, nicht vom Stofflichen abhängig sein; darüber hinaus muß sie noch ein allgemeineres Leitmotiv oder Ideal aufzuweisen haben.

Das Wesentliche unserer Kunstrichtung steckt, wie mir scheint, in ihrer eindringlichen und beharrlichen Frage nach dem Zweck der Züge. Das mag fürs erste verwunderlich klingen. Haben denn — so höre ich einwenden — die Problemzüge früher keine Zwecke enthalten? Mußte erst die neudeutsche Schule kommen, um ihnen einen Zweck beizubringen? Nun ja, zweckmäßiges, sinnvolles Geschehen ist selbstverständlich in jedem Schachproblem, ja sogar in jeder banalen Mattführung zu finden, aber trotzdem kann der Schwerpunkt des Problems in ganz anderen Dingen liegen als in den Zwecken der Züge.

Dieses ist bekanntlich der Fall bei den Variantenproblemen der älteren deutschen Schule. Dort spielen die Zwecke der einzelnen Züge — meist sind sie mehrdeutig und nur durch eingehende Analyse zu erfassen — eine äußerst geringfügige Rolle im Rahmen des Ganzen. Betrachten wir daraufhin den großen Bergerschen Fünfzüger, so können wir an dem Anfangszug 1. Ld5—f7 zum mindesten drei verschiedene Zwecke feststellen: Räumung der Linie c5—f5 (vgl. das Drohspiel 2. Sd3† e:d3 3. Tc:f5‡), Sperrung der schwarzen Turmlinie f8—f6 und endlich Zurechtstellung des Läufers auf f7 für die Schlußwendung des Hauptspiels. Unter diesen Umständen läßt es sich wohl verstehen, daß in der einschlägigen Problemliteratur von den Zwecken fast niemals die Rede ist. Sie sind ein zwar notwendiges, aber untergeordnetes Ding, von dem man nicht gern spricht, wie man ja auch in guter Gesellschaft nicht von des Leibes Nahrung und Notdurft zu reden pflegt. Ganz andere Dinge sind es, die der altklassischen Problemkunst am Herzen liegen, worüber man alles Nähere in der Bergerschen Problemästhetik (*Das Schachproblem,* 1884) aufgezeichnet findet. Dahin gehört ein langgestrecktes Drohspiel, das zu vielfachen Verzweigungen Anlaß gibt; den Gipfel- und Glanzpunkt aber bildet allemal eine Hauptvariante mit gehäuften Opfern und ökonomischer Schlußstellung. In diesen ästhetischen Werten also, und nicht in den Zwecken der Züge, haben wir den wesentlichen Gehalt des Variantenproblems zu suchen.

Nr. 1.

J. Berger

1. Preis (Sendungspreis) im Pariser Problemturnier 1878/79

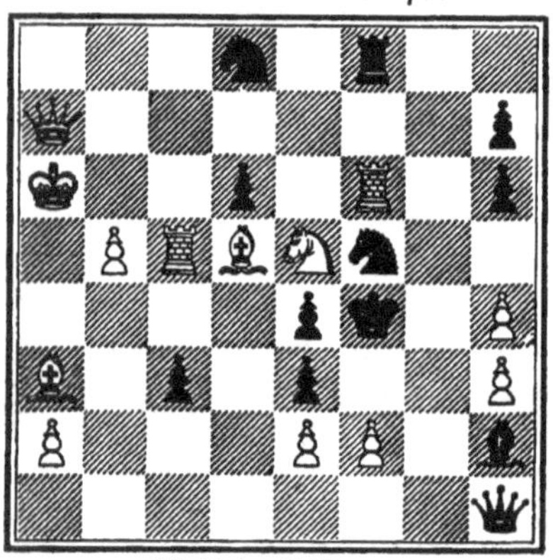

Matt in 5 Zügen

Hauptspiel:
1. Lf7 e:f2 2. T:c3 K:e5 3. Lb2 K:f6
4. De7† K:e7 5. Tc7‡

Dieser „große Stil", der mit den Namen Kohtz u. Kockelkorn (in ihrer früheren Schaffensperiode), Klett und Berger verknüpft ist, feierte jahrzehntelang in Problemturnieren Triumphe, doch konnte er seiner Natur nach keine allgemeine Verbreitung und Popularität erlangen. Die vorherrschende Produktion in Deutschland, Österreich und Böhmen erging sich in Variantenproblemen bescheideneren Umfangs und behielt von den Bergerschen Kunstprinzipien eigentlich nur den stillen (nicht schachbietenden) Lösungsbeginn und die reine, ökonomische Schlußstellung bei. Dabei hat sich die böhmische Schule mehr und mehr von der deutschen und österreichischen abgesondert und ein ausgesprochen nationales Gepräge angenommen. Aus dem Preisproblem Nr. 2 läßt sich ein Charakterbild des modernen böhmischen Stils gewinnen: hohe Ausnutzung der weißen Figurenmacht in seltsamen, echoartig wechselnden Mattstellungen. Auch hier beruht alles auf ästhetischen Werten. Demgegenüber tritt der Schlüsselzug mit seinen Zwecken völlig in den Hintergrund.

Nr. 2.
L. Knotek
2. Preis im Problemturnier des Weltschachbundes 1927/28

Matt in 3 Zügen

1. Sd6 droh. 2. Db5† K:d6 3. Le7‡
1. ... K:d6 2. Te5 S:e5 3. Le7‡
1. ... Dh4 2. Td2 S:d6 3. Ld4‡
1. ... S:d6 2. Ld4† K:d4 3. De3‡

Als weiteres Beispiel bringe ich einen Gottschallschen Dreizüger (Nr. 3). Seinem ganzen Habitus nach der älteren deutschen Problemrichtung angehörig, zeichnet sich das Stück durch eine besondere Pointe aus. Dieselbe liegt in dem Turmrückzug mit nachfolgendem Se5—f3, wodurch dem schwarzen König mehrere Ausgangsfelder freigegeben werden. Diese Pointe ist gewiß hübsch und überraschend. Wenn wir jedoch den Turmzug auf seinen wahren Wert untersuchen, so stoßen wir auf ein ganz simples Fluchtmotiv: der Turm geht nämlich von f4 zurück, um nicht im Drohspiel, nach d4—d5†, dem Angriff durch Ke6 : e5 ausgesetzt zu sein.

Scharfpointierte Probleme, die ihren Witz nicht aus dem Zweck des Schlüsselzuges, sondern aus gewissen pikanten Begleitumständen schöpfen, hat es selbstverständlich überall und jederzeit gegeben. Auch Samuel Loyd, der anderwärts einen sehr klaren Blick für die Zwecke bekundete, verdankt seine beispiellosen Verblüffungserfolge großenteils solchen Pointen, die mit dem Zweck des Zuges nichts zu tun haben. So ist z. B. in dem berühmten „Steinitzgambit" (Nr. 4) der Königsmarsch Kf1—e2—e3 an sich ein ganz gemeines Heranholungsmanöver, und nur die begleitende Schachgefahr verleiht ihm die preiswürdige Note. Zur Beleuchtung diene eine Parallele

Nr. 3.
Dr. H. v. Gottschall

Deutsche Schachzeitung
II. 1889 (6712)

Matt in 3 Zügen

1. Tf1 droh. 2. d5† K:e5 3. d4‡
1. ... Lb3 2. Sf3 nebst 3. Sg5‡

Nr. 4.
S. Loyd

1. Preis im *Checkmate*-Novelty-Problemturnier 1903
Motto: „Steinitzgambit“

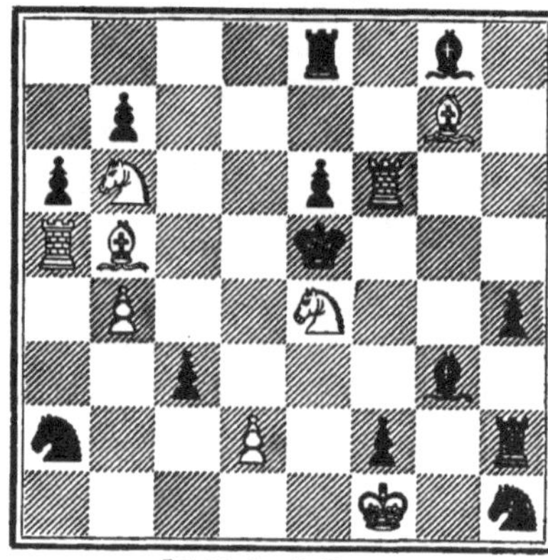

Matt in 3 Zügen

1. Ke2 f1D† 2. Ke3 nebst 3. L,T‡

aus dem Kriegsleben. Wenn ein Soldat im Felde unter Lebensgefahr eine Meldung überbringt und mit einer Auszeichnung belohnt wird, so erhält er sie nicht für die Meldung als solche, sondern wegen der außerordentlichen Begleitumstände. Fragt man aber nach dem Zweck der Heldentat, so muß die Antwort lauten: der Soldat ging los, um die Meldung zu erstatten, und nicht etwa, um mutwillig mit der Gefahr zu spielen.

Nun wird gewiß mancher begeisterte Loyd-Anhänger auf meine Ausführungen entgegnen: „Gleichviel ob Zweck oder Nichtzweck, auf jeden Fall ist doch diese hochgesteigerte Schachgefahr eine glänzende Problemidee. Wenn das keine Idee ist, dann weiß ich nicht, was man Idee nennen soll!“ Doch gemach! Zuvor müssen wir uns erst einmal über den Sinn des Wortes klar werden. Sofern jene Schachgefahr als eine glänzende Idee oder ein glänzender Einfall des Problemverfassers bezeichnet werden soll, mag der Ausdruck hingehen. Die neudeutsche Schule jedoch, die es ausschließlich auf die Zwecke abgesehen hat, pflegt die Begriffe „Idee“ und „Zweck“ zu identifizieren, sie versteht also unter der Idee eines Zuges den Zweck des betreffenden Zuges. Da nun bei Loyd, wie wir gesehen haben, der Schwerpunkt nicht in dem Zweck des Schlüsselzuges liegt, so kann das Stück nach neudeutscher Auffassung nicht zu den Ideenproblemen gerechnet werden. Es tut mir leid, dem freundlichen Leser diese Enttäuschung bereiten zu müssen, aber es ist zur Klärung der Sache notwendig.

Werfen wir einen zusammenfassenden Blick auf die vorstehenden Beispiele, so zeigt sich uns, bei aller Verschiedenheit der vier Stücke untereinander, ein gemeinsamer Gegensatz zum neudeutschen Zweckproblem. Bei dem Bergerschen „Pfündling" Nr. 1 und bei der böhmischen Mattbilderaufgabe Nr. 2 empfindet man die Zweckfrage von vornherein als unangebracht. Viel eher fordern die scharfpointierten Stücke 3 und 4 zu dieser Frage heraus; aber auch hier mußten wir feststellen, daß nicht der Zweck des Schlüsselzuges, sondern ein überraschender oder abschreckender Begleitumstand, kurzum ein äußerer Effekt, die Pointe der Aufgabe ausmacht. Bei Gottschall besteht dieser Effekt in der scheinbar sinnwidrigen Freilassung des schwarzen, bei Loyd in der Gefährdung des weißen Königs. Bei Gottschall entscheidet das Manöver 1. Tf1 2. Sf3, nicht weil, sondern obwohl es dem schwarzen König Fluchtfelder freigibt. Ebenso führt bei Loyd die Königswanderung 1. Ke2 2. Ke3 zum Ziele, nicht weil, nein: obwohl sie den König in Schachgefahr bringt. Man könnte solche auf äußeren Effekt angelegten Stücke füglich als „Obwohl"-Probleme bezeichnen, zum Unterschied von den „Weil"-Problemen der neudeutschen Richtung.

Wenn nun die neue Problemschule auf die stets gern gesehenen „Obwohl"-Effekte verzichtet und sich in asketischer Strenge auf das „Weil" beschränkt, so muß sie den Zwecken — als ihrem einzigen Hab und Gut — eine ganz besondere Sorgfalt zuteil werden lassen. Damit ist jedoch nicht gesagt, daß nur hochmarkante Zwecke, wie im *Indischen Problem*, zum Gegenstand der Darstellung zu wählen sind. Es kann vielmehr jeder, selbst der bescheidenste Zweck ein würdiges Problemmotiv abgeben, sofern er nur in logischer Ausdrucksform dargeboten wird. Hier könnte nun wieder der gleiche Tanz wie vorhin losgehen. „Mit welchem Rechte", so könnte man fragen, „nehmt Ihr die Logik für Euch allein in Anspruch? Ist denn nicht allenthalben im Schachproblem Logik enthalten?" Die neudeutsche Richtung faßt jedoch den Begriff der Logik enger und straffer: sie will den Löser zu einem bestimmten Gedankengang nötigen, sie will ihn durch diesen Gedankengang hindurch zur Erkenntnis des Zweckmomentes drängen. In dem strengen Denkprozeß, in den scharfen Schlußfolgerungen, die das logische Problem dem Löser auferlegt, ist ja gerade der Reiz der modernen Kompositionsrichtung begründet.

Bei den nun folgenden Erörterungen über die logische Form des

Schachproblems[1]) wird es zweckmäßig sein, die direkten und indirekten Manöver gesondert zu behandeln. Direkte Manöver sind solche, bei denen es ausschließlich oder doch vornehmlich auf die Züge des Weißen ankommt; unter indirekten Manövern versteht man die vom Weißen zu erzwingenden Stellungsänderungen der schwarzen Partei. In meiner Cywinski-Abhandlung in der Münchener Akademischen Festschrift von 1911 hatte ich für die beiden Gruppen die Bezeichnung „weißer und schwarzer Ideenkreis" gewählt, wobei mir die Kohtzsche Unterscheidung zwischen weißen und schwarzen Schnittpunkten als Vorlage diente. Diese Bezeichnung könnte indessen den Anschein erwecken, als ob in der zweiten Gruppe die schwarze Partei am Ruder sei, während doch in jedem Fall vonseiten des Weißen und zugunsten des Weißen operiert wird. Um jedem derartigen Mißverständnis vorzubeugen, hat Dr. F. Palitzsch in seiner Broschüre *Die Ablenkung* (1917) die Benennung „direkte und indirekte Manöver" vorgeschlagen. Dieselbe mag in primitiveren Fällen, namentlich wenn es sich um einen einzelnen Zug des Weißen handelt, etwas anspruchsvoll klingen, sodaß man lieber einfach von einer Bewegung oder Führung des weißen Steines sprechen wird. Auch für die andere Gruppe steht uns ein ähnlich kurzer Ausdruck, nämlich Erzwingung oder Lenkung, zu Gebote.

Am klarsten zeigt sich das logische Prinzip bei den indirekten Manövern. Diese sind gleichsam von Hause aus darauf zugeschnitten und müssen bei sachgemäßer Behandlung eigentlich immer ein Problem vom logischen Typus ergeben. Den direkten Manövern ist das logische Prinzip nicht im gleichen Maße zu eigen; hier bedarf es erst gewisser Vorkehrungen, um sie in die logische Form zu bringen. Ich hätte mir und dem Leser die Sache erleichtern können, wenn ich mit den indirekten Manövern begonnen hätte. Der Leser wäre dann besser vorbereitet an die schwierigere Materie herangetreten. Ich habe jedoch diesen Kunstgriff verschmäht und die natürliche Reihenfolge der beiden Hauptgruppen beibehalten.

Logik und Zweckreinheit bei den direkten Manövern.

Den Anfang bilde ein negatives Beispiel (Nr. 5). Wiewohl hier der Zweck des Schlüsselzuges, den Umwandlungsbauern zu stützen, eindeutig klar ist und den einzigen Inhalt dieser ausgesprochenen „Weil"-Aufgabe ausmacht, so kann sie doch nicht gut zur logischen Gattung gerechnet werden. Es sei zugegeben, daß der Turmzug auf

[1]) Als einschlägige Vorarbeit aus fremder Feder ist hier zu erwähnen: *Die logische Kombination* von Dr. F. Palitzsch in Ranneforths Schachkalender v. 1914.

Nr. 5.
W. v. Holzhausen
Chemn. Tageblatt 11. 1. 1925 (15)

Matt in 3 Zügen
1. Te8 2. c7 3. c8D‡

einer Art Schlußfolgerung beruht: „Sofortiges c6—c7—c8D würde an 1. ... Kb7 2. ... K:c8 scheitern, folglich muß ich mit 1. Te8 beginnen". Aber solch eine Erwägung hat noch nicht genug zu besagen, sie ist schließlich nur die allgemeine Formel für die Zweckhaftigkeit eines Zuges. Man wird sich hier der Schlußfolgerung kaum bewußt und pflegt daher schlechthin vom Sehen zu reden: der Löser muß eben „sehen", daß c8 einer Stütze bedarf. Sieht er's, dann ist die Aufgabe gelöst; sieht er's nicht, dann bleibt sie ewig ungelöst. Ein Mittelding zwischen dem Sehen und Nichtsehen ist hier nicht vorhanden. Dr. F. Palitzsch bezeichnet derartige Aufgaben als „intuitive", weil bei ihnen die Lösung durch plötzliches Erschauen gefunden wird.

Immerhin mahnt uns die enge Verbindung zwischen schachlichem Sehen und Denken zu vorsichtiger Stellungnahme. Offenbar sind die „intuitive" und die logische Gattung bloß dem Grade nach verschieden. Beide enthalten im Grunde einen Denkprozeß, nur ist dieser bei der logischen Gattung viel besser durchgebildet: dort gibt es Übergänge in Form von Zwischengliedern; es gibt, wenn ich so sagen darf, Halblösungen, die zu der vollen und ganzen Lösung hinleiten. Ein logisches Problem zeichnet sich also dadurch aus, daß der Weg zur Lösung mit Vorstufen und Vor-Erkenntnissen gepflastert ist.

Hierzu ist aber erforderlich, daß der Löser eine Auswahl unter Gleichartigem zu treffen habe. Es müssen daher mindestens zwei analoge Spielweisen zur Verfügung stehen. Die eine ist die wirkliche Lösung, die andere heiße das Probespiel.[1]) Ist kein klar erkennbares Probespiel vorhanden, so scheidet das Stück aus der Gattung der logischen Probleme aus, wie es bei Nr. 5 der Fall gewesen ist.

[1]) Das Wort „Probespiel", als Ersatz für „ideegemäße Verführung", hatte ich schon lange privatim in Gebrauch, doch habe ich es erst in den *Brennpunktproblemen* v. 1926 öffentlich angewendet. Zuerst gedruckt findet es sich bei G. Ernst in Ranneforths Schachkalender v. 1920, S. 54, in der Fußnote zu einem von mir verfaßten Problem. Dies geschah auf meine briefliche Anregung hin und mit meinem Einverständnis.

Mit Nr. 6 gebe ich nun ein Beispiel der logischen Gattung. Es ist zwar mehr ein Schema als ein Problem, aber gerade wegen seiner Einfachheit, wie auch wegen seiner zahlreichen Probespiele, für Erläuterungszwecke nicht übel geeignet. Zunächst müssen wir ganz unbefangen in der Stellung Umschau halten, um die allgemeinen Richtlinien der Angriffsführung kennen zu lernen. Die engere Wahl kann natürlich erst später getroffen werden. Da der d-Turm an die zu bewachenden Felder d2 u. d1 gebunden ist, wird man mit dem frei verfügbaren b-Turme irgendwie auf h1 mattzusetzen suchen. Hierzu bieten sich nicht weniger als neun anscheinend gleichwertige Wege: man kann mittels 1. Tb8, 1. Tb6, 1. Tb5, 1. Tb4 den Turm b7 auf die h-Linie heranholen, ebenso kann man ihm mittels 1. Td8, 1. Td6, 1. Td5, 1. Td4, 1. Td3 den Zugang zum Felde h7 eröffnen. Unter all diesen Möglichkeiten führt aber nur 1. Td5 wirklich zum Ziele, weil jetzt die Schräge a8—h1 unterbrochen und das Gegenspiel 2. ... Da1—a8 entkräftet ist.

Nr. 6.

W. v. Holzhausen

D. Schachztg. VII. 1928 (16451)

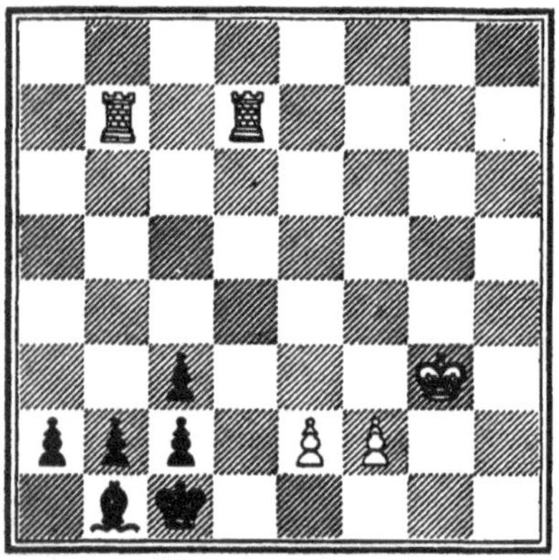

Matt in 3 Zügen

1. Td5 a1D 2. Th7 nebst 3. Th1‡

Vergleichen wir die Lösung 1. Td5 2. Th7 mit einem Probespiel wie 1. Td8 2. Th7, so läuft das auf einen Vergleich zwischen dem Schlüsselzug 1. Td5 und dem Probezug 1. Td8 hinaus, wie ja überhaupt immer nur der 1. Zug für die Prüfung in Betracht kommt. Beiden Zügen gemeinsam ist das Festhalten der d-Linie und die Räumung der Reihe b7—h7. Ersteres ist, nach Erich Brunner, ein Haltezweck (weil ein bereits bestehender Wert aufrechterhalten wird), letzteres ein Greifzweck (weil ein neuer Wert ergriffen oder hinzugewonnen wird).[1]) Das Unterscheidende, das was den Schlüsselzug vor dem Probezuge auszeichnet, liegt in der Sperrung der Schrägen a8—h1, also in einem weiteren Greifzwecke.

Zur Prüfung könnte man ein Rechenexempel anstellen. Man schreibe die verschiedenen Zwecke oder Werte des Schlüsselzuges

[1]) Im vorliegenden Falle sind übrigens diese beiden Motive unlöslich miteinander verwachsen, da ja der Td7, wenn er die 7. Reihe räumen will, vermöge seiner Gangart ohnehin auf der d-Linie bleiben muß.

nebeneinander und setze die Werte des Probezuges darunter. Zieht man nun eines vom anderen ab, so erhält man den Wertüberschuß des Schlüsselzuges, worin sich die Idee dieses Zuges und zugleich die Idee der ganzen Aufgabe verkörpert.

Dem Löser freilich enthüllt sich die Sache in umgekehrter Reihenfolge. Denn er geht ja nicht, wie es in obiger Rechnung geschah, von der fertigen Lösung aus, sondern soll die Lösung erst suchen. Hierbei wird er zuerst auf eines der Probespiele stoßen, sodann dessen Mangelhaftigkeit erkennen und schließlich das Fehlende durch die Wahl eines zweckdienlichen Anfangszuges zu ergänzen trachten. Für den Löser ist es also kein Subtraktions-, sondern eher ein Additionsexempel.

Den Grundsätzen der neudeutschen Schule zufolge darf das Probespiel nur an einer einzigen Störung scheitern und dementsprechend darf auch die Lösung, indem sie auf die Beseitigung jener Störung Bedacht nimmt, nur ein einziges Zweck- oder Wertmoment vor dem Probespiel voraushaben. Darin besteht die berühmte Forderung der Zweckreinheit. Diese Forderung ist keineswegs eine willkürliche Schrulle der modernen Problemschule. Denn zweifellos empfindet der Menschengeist eine größere Befriedigung, wenn ein Entschluß von einem einzigen Motiv diktiert wird, als wenn eine Mehrheit von Motiven zu dem gleichen Ergebnis zusammenwirkt. Falls schon allein der Grund A genügt, um meinen Entschluß zu bestimmen, dann brauche ich keine Bestärkung durch den hinzutretenden Grund B. Das Doppelmotiv ist überflüssig, ja geradezu unökonomisch. Erich Brunner war der Erste, der den Zusammenhang der Zweckreinheit mit dem Ökonomiegesetz klar erkannt und ausgesprochen hat. Indem er die Forderung dahin präzisierte, daß der Unterschied zwischen Lösung und Probespiel ein minimaler sein müsse, kennzeichnete er die Zweckreinheit deutlich als einen Ausfluß des Ökonomiegesetzes.[1]) Selbstverständlich hat diese Ökonomie nichts zu tun mit der altbekannten Ökonomie der Mattstellung; es ist eine abstrakte, vergeistigte Form des Ökonomiebegriffs, wie ja die ganze neudeutsche Richtung auf eine Vergeistigung der Problemkunst hinausführt. Auch an dem Begriff des Probespiels läßt sich eine solche Wandlung ins Abstrakte nachweisen. Der altklassische Komponist freut sich der „ideegemäßen Verführung“ wie überhaupt jeder Verführung, weil sie dem Löser eine Falle stellt; der neudeutsche Komponist erhebt die ideegemäße Verführung zum Probespiel und macht sie zu einem Werkzeug der Logik.

---

[1]) Brunner selbst hat über seine Theorie vom Unterschiedsminimum bisher noch nichts veröffentlicht. Auch die Brunnerschen Bezeichnungen Haltezweck und Greifzweck erscheinen hier zum ersten Mal im Druck.

Was für Folgen ein Verstoß gegen die Zweckreinheit nach sich zieht, können wir uns leicht klarmachen, wenn wir in Nr. 6 den weißen König von g3 nach g5 versetzen (s. Diagramm 7). Die Lösung bleibt zwar äußerlich die gleiche, aber das Probespiel 1. Td8 2. Th7 scheitert jetzt nicht bloß an 2. ... Da8, sondern vor allem an 2. ... Da5†, und der Schlüsselzug 1. Td5 hat vor dem Probezug 1. Td8 nicht nur die Sperrung der Schrägen a8—h1, sondern auch die Sperrung der Wagerechten a5—g5 voraus. Wenn also der Löser, um den weißen König vor der späteren Schachgefahr zu beschützen, mit dem Turm nach d5 zieht, so bekommt er die Sperrung der Schrägen als Gratisbeilage, ohne sein geistiges Zutun, mit in den Kauf. Das widerspricht aber dem vorangestellten Leitsatz, wonach der Löser gezwungen werden soll, einen bestimmten Denkprozeß durchzumachen. Es soll ihm nichts „geschenkt" werden, jedes einzelne Wertmoment soll er durch eine besondere Überlegung erkaufen!

Nr. 7.

Schema nach Nr. 6.

Matt in 3 Zügen

1. Td5 a1D 2. Th7 nebst 3. Th1‡

Nr. 8.

W. v. Holzhausen

D. Wsch. 28. 9. 1913 (11695)

Matt in 3 Zügen

1. De1 2. Lf4(†) 3. Da1, De8‡

Solches ist der Fall bei Nr. 8, einem typischen Beispiel der Damenstrategie. Hier lauten die allgemeinen Richtlinien: Postierung des Läufers auf f4 und dann Damenmatt am linken oder obern Rande. Um aber glücklich zum Ziele zu gelangen, muß man a1 und e8 als die wahren Mattfelder erkannt haben. Außer ihnen kommen noch die Felder a2 und d8 stark in Betracht; doch ist a2 durch den Bauernvormarsch gefährdet, und d8 liegt zu nahe am feindlichen König. Als Warnungstafeln dienen die beiden einschlägigen Probespiele 1. De2

(Dh2, Dc2) b4! 2. Lf4 b3 und 1. Dd1 (Dd4) Kb8! 2. Lf4† Kc8. Hierdurch gewitzigt, führt Weiß seine Dame mit Wohlbedacht nach e1. Gewiß, der Schlüsselzug 1. Dd2—e1 hat einen doppelten Greifzweck, nämlich Doppelwirkung nach a1 und e8 (ganz abgesehen von der Räumung der Läuferlinie c1—f4); aber hinter jedem der beiden Zwecke steht als Eideshelfer ein besonderes Probespiel.

Ein ähnlich scharfer Wind weht in Nr. 9. Hier muß die Dame den Punkt f3 gedeckt halten und gleichzeitig a1 ins Auge fassen; dadurch ist der Zug 1. Da8 bestimmt. Warum aber strebt die Dame gerade nach a1? Weil sie nur von dort das Königsfluchtfeld e5 und die beiden Mattfelder d4 u. f1 beherrschen kann. Ein Probespiel wie 1. Db7 e4 2. Db2 würde zwar e5 u. d4, jedoch nicht f1 erfassen, und bei 1. Db7 (Dc6), e4 2. Db5 hätte die Dame zwar die Felder e5 u. f1, aber nicht das Feld d4. Immer nur ein Wertmoment hat die Lösung vor dem jeweiligen Probespiel voraus! Daß die Lösungszüge 1. Da8 und 2. Da1 zugleich die längsten sind, befriedigt unsern Raumsinn und verleiht dem Manöver ausgesprochenen Problemcharakter.

Nr. 9.
W. v. Holzhausen
D. Wsch. 1. 10. 1905 (6536)

Matt in 3 Zügen

1. Da8 e4 2. Da1 e:f3 3. Dd4‡
1. ... ... 2. ... K:f3 3. Df1‡

Nr. 10.
W. v. Holzhausen
D. Schachztg. IX. 1902 (10088)

Matt in 3 Zügen

1. Db8 b2 2. Dh8
1. ... K~ 2. D:b3†

Nr. 10 hat gleichfalls weitauslaufende Damenzüge, aber diesmal ist der Schlüsselzug ohne geistigen Reiz. Das rührt offenbar von der mangelnden Auswahl her. Hat man erst einmal die Beherrschung des Punktes b3 als notwendig erkannt, dann gibt es keinen andern Weg als 1. Dh2—b8, und alles Weitere findet sich hinterher von selber. Nr. 10 ist also ein Talmibeispiel, das im Grunde gar nicht zur logischen

Gattung gehört. — Ähnliches bot J. Kotrč 1902 im *Neuen Illustrierten Blatt*: Ke4 Dh2, Lh5 Sd4, Ka1 Bb3 (1. Lf7 b2 2. Dh8, 1. ... Kb1 2. L:b3). Diese Duplizität ist wohl auf die damals grassierende Miniaturen-Epidemie zurückzuführen. Ob die Fassung des böhmischen Problemmeisters die ältere ist, müßte durch genaue Quellenangabe erwiesen werden.

Das Problempaar 11 und 12 (das zweite Stück ist von dem ersten nur durch eine hinzutretende Variante unterschieden) schlägt ins Gebiet des Turtonschen Schnittpunktes, von dem an späterer Stelle

Nr. 11.
W. v. Holzhausen
[V.] Dr. O. Blumenthal, Schachminiaturen II, 1903 (382)

Matt in 3 Zügen

1. Lg6 a:b1D 2. Lf7
(1. ... a:b1S 2. Da6†)

Nr. 12.
W. v. Holzhausen
Berliner Nachtausgabe 24. 12. 1927

Matt in 3 Zügen

1. Lg6 a:b1D 2. Lf7
1. ... h:g6 2. Da4
(1. ... a:b1S 2. Da4† oder Da6†)

des Buches noch eingehend die Rede sein wird. Hier müssen die weißen Figuren auf der Schrägen a2—g8 derart verdoppelt werden, daß die Dame vorn und der Läufer hinten postiert ist. Eine Verdoppelung wie 1. Kb8 (Tempo) a:b1D 2. Ld5 in Pos. 11 wäre offenbar zweckwidrig, denn jetzt stünde der Läufer voran und nach 2. ... D∼ gäbe es kein Matt auf a2. Die anzustrebende Umgruppierung kann auf verschiedene Arten vollzogen werden, so z. B. durch 1. Db3 a:b1D 2. Ld5 (Lc4) oder 1. L(:)h7 a:b1D 2. Lg8. Richtig ist aber nur 1. Lg6 a:b1D 2. Lf7, weil der Läufer auf f7 den weißen König vor dem Schachgebot 2. .... Db1—h7† (Db1—g6†) bewahren muß. Der Läufer hat also die Funktion eines schützenden Sperrsteins, und die beiden vorstehenden Stücke sind ihrem logischen Gehalt nach als „Sperrzug-Aufgaben“ zu definieren. Der „Turton“ liefert hier nur die Unterlage oder den Rahmen für die Darstellung eines Sperrmotivs.

In Nr. 13 kommt noch eine weitere kleine Variante hinzu. Aber zugleich mit dem Sperrmotiv sind auch die verführerischen Probespiele verschwunden; es bleibt nur der nackte Umgehungs-Turton mit seinem kümmerlichen Probespiel 1. D:e6 a:b1D 2. Lb3. Ob man solch ein Stück überhaupt noch zur logischen Gattung rechnen darf, bleibe dahingestellt.

Nr. 13.
W. v. Holzhausen
Weißenfelser Tageblatt 4. 7. 1928 (139)

Matt in 3 Zügen

1. Lf5 a:b1D 2. L:e6
1. ... e:f5 2. Da4
1. ... e5 2. De4

Nr. 14.
W. v. Holzhausen
Münchener Zeitung 7. 7. 1928 (1778)

Matt in 3 Zügen

1. Tg8 2. Tb8 3. D‡

Es hängt jedoch viel von den beteiligten Akteuren ab. Wählt man beim Umgehungs-Turton statt des Läufers den wuchtigeren Turm, so bekommt man ein ganz plausibles Probespiel, wie Nr. 14 mit der starken Verführung 1. Tb5 Ka2! 2. Dd4 Ka3! bezeugt. Mit diesen Ausführungen will ich besagen, daß ich Probespiele nur dann als vollwertig anerkenne, wenn sie einen einleuchtenden Zweck und positive Verführungskraft besitzen.

An dem Beispiel 15 läßt sich so recht erkennen, wie ein an sich grobes Manöver durch die Auswahl unter gleichartigen Manövern zu einer würdigen Problemidee erhoben werden kann. Das Hinwegschlagen des verzweiflungsvoll opponierenden Läufers ist gewiß brutal, aber die Entscheidung zwischen den drei parallelen Möglichkeiten 1. Td1 Ld3 2. T:d3, 1. Tf1 Lf5 2. T:f5 und 1. Tg1. Lg6 2. T:g6 erfordert immerhin eine subtile Überlegung. Der weiße Turm muß nämlich so manövrieren, daß er beim Läuferraub just auf der 6. Reihe zu stehen kommt. Darin beruht der Vorrang des Schlüsselzuges 1. Tg1 vor den anderen Turmzügen, darin ist die Quintessenz der ganzen Aufgabe enthalten.

Nr. 15.
W. v. Holzhausen
D. Wsch. 1. 5. 1910 (9509)

Matt in 3 Zügen

1. Tg1 Lg6 2. T:g6 B∼ 3. Ta6╪
1. ... B∼ 2. Ta1 nebst 3. T:B╪

Nr. 16.
G. Ernst
D. Wsch. 30. 4. 1911 (10110)

Matt in 3 Zügen

1. Td2 Le1 2. Ta5† K, B:a5 3. Ta2, Td6╪

Auch das Ernstsche Stück Nr. 16 zeigt uns den Turm im Kampfe mit dem Läufer. Weiß hat drei Turmzüge, um auf der a-Linie Matt zu drohen. Gegen 1. Td3 und 1. Td1 könnte sich Schwarz mit 1. ... Le1 (2. Ta5† L:a5) erfolgreich wehren; 1. Td2 aber sperrt die Linie e1—a5 und ist darum der richtige Anfangszug. — Später, im D. Wsch. v. 9. 3. 1919 (15076), hat G. Ernst die Aufgabe zum Vierzüger erweitert, indem er Lg3 nach e1 und Td5 nach d6 versetzte. Die Lösung beginnt dann mit dem Ablenkungsmanöver 1. Td7 Lg3 und mündet im 2. Zuge in die dreizügige Fassung.

Aus allem bisher Gesagten geht zur Genüge hervor, was für eine Bewandtnis es bei den direkten Manövern mit der Zweckreinheit hat. Es handelt sich allemal um jene relative Zweckreinheit, die aus dem Vergleiche zwischen Lösung und Probespiel herausspringt. Dieselbe ist sehr wohl mit Zweckfülle vereinbar. Je zahlreicher die Werte sind, die das Probespiel mit der Lösung gemein hat, je mehr also die Zwillingsbrüder übereinstimmen, desto spannender wird sich die Suche nach einem Unterschied gestalten, desto glorreicher wird die Spezialtugend des Auserwählten hervorleuchten.

Absolute Zweckreinheit oder Einzweckigkeit zu verlangen, verstieße geradezu gegen den Geist des logischen Problems, denn es entfiele dann jegliches Probespiel, und damit ginge jeder logische Vergleichsmaßstab verloren. Was bei der starren Einzweckigkeit herauskommt, haben wir ja an Nr. 5 und 10 gesehen.

Trotzdem glaubten manche, unter Verkennung des Wesens der direkten Manöver, an der Forderung der absoluten Zweckreinheit festhalten zu müssen. Dabei berief man sich auf das *Indische Problem* von Kohtz u. Kockelkorn, insonderheit auf das Stammproblem Lovedays, in welchem der Schlüsselzug 1. Lh6—c1 keinen andern Zweck habe als die Nutzbarmachung des kritischen Feldes d2. Das klingt sehr überzeugend und einleuchtend, hält aber, wie wir sogleich sehen werden, einer näheren Prüfung nicht stand. Schon Kohtz selber hatte bekanntlich für den echten Indier das Merkmal angegeben, daß die Lösung, wenn man den Schwarzen anziehen läßt, im vorletzten Zuge in eine Pattstellung mündet. Hierin steckt bereits der Ansatz zu einem Probespiel. Man braucht bloß, anstatt auf den Anfangszug ganz zu verzichten, mit einem Wartezuge wie 1. Lh6—g5 zu beginnen, dann ist das Probespiel 1. Lg5 e6 2. Td2 (patt) fertig. Freilich hat hier 2. Td2 keinen rechten Sinn mehr; man wird daher den Turmzug lieber weglassen und einfach konstatieren, daß 1. Lg5 e6 in unlösliche Pattnot führt. Jedenfalls aber haben wir jetzt zu dem Schlüsselzuge 1. Lc1 den Probezug 1. Lg5 hinzugewonnen und können die beiden Züge miteinander vergleichen. Da zeigt sich zunächst, daß sie einen Haltezweck, nämlich die Beherrschung des Königsfluchtfeldes f4, gemeinsam haben. Noch wichtiger erscheint der Umstand, daß sie beide als Tempozüge wirken — der eine (1. Lg5) als rein abwartender, der andere (1. Lc1) als zurechtstellender Tempozug. In dieser Zurechtstellung, d. h. in der Überschreitung des kritischen Feldes d2, ist der einzige Unterschied der sonst gleichwertigen Züge enthalten.

Nr. 17.
Nach H. A. Loveday, 1845
Vereinfachte Fassung von
J. Berger
Akad. Monatsh. f. Schach, I. 1927

Matt in 3 Zügen
1. Lc1 e6 2. Td2 Kf4 3. Td4‡

Offenbar liegt es in der Natur solcher Zugzwangaufgaben, Probespiele zu liefern. Denn es wird sich neben dem zurechtstellenden Tempozuge des Lösungsspiels immer ein rein abwartender oder mangelhaft zurechtstellender Tempozug finden, der jenem als Folie dient. Der Zugzwangmechanismus ist wie ein aufgezogenes Uhrwerk, das in jedem Falle weiterläuft, gleichviel ob man den Zeiger richtig oder falsch gestellt hat. So z. B. rollt in dem berühmten Bristol-Problem (Nr. 18) die Zugfolge 1. ... Le8 2. Db1 Lb5 automatisch ab, mag man auch mit einem falschen Turmzug begonnen haben. Ich habe zwar das Bristol-Problem nicht selber gelöst, doch könnte ich mir einen nicht-bahnenden Probezug wie 1. Td1—e1, mit der besagten Fortsetzung 1. ... Le8 2. Db1 Lb5, als die gegebene Vorstufe für den bahnenden Schlüsselzug denken. Jedenfalls wäre das der ideale, einzig logische Lösungsweg. Trotzdem müssen wir bekennen, daß sowohl das Bristol-Problem als auch der Lovedaysche Indier wegen der relativ geringen Verführungskraft ihrer Probespiele an der unteren Grenze der logischen Probleme stehen, d. h. an der Grenze, wo das logische Problem in das „intuitiv zu erfassende" übergeht. Die Probespiele haben hier zu wenig Fleisch und Blut; sie muten einen an, als ob sie hinterher aus der Lösung abgeleitet wären.

Nr. 18.
F. Healey
1. Preis i. Bristoler Problemturnier 1861

Matt in 3 Zügen

1. Th1 Le8 2. Db1 Lb5 3. Dg1‡

Nr. 19.
W. v. Holzhausen
Armeezeitung VII. 1904 (60)

Matt in 3 Zügen

1. Tf1 Ld6 2. f8D† Lb8 3. Df3‡
1. ... ... 2. ... L:f8 3. T:f8‡

Dem Healeyschen Stammproblem sei nun eine andere Bahnungsaufgabe (Nr. 19) gegenübergestellt, die dem logischen Prinzip in höherem Grade entspricht. Diesmal ist der Schlüsselzug mit einer Fülle von Zwecken ausgestattet, und doch bleibt dabei die Zweckreinheit aufs strengste gewahrt. Außer dem Bahnungszweck hat 1. Tf4—f1 noch drei Haltezwecke zu erfüllen, nämlich Festhalten des Punktes f8 und Offenhalten der Linien f3—a8 und g1—a7. Alle diese Zwecke sind durch Probespiele belegt, deren Vergleich — sei es ,untereinander, sei es mit dem Lösungsspiele — zu einer regen Denktätigkeit Anlaß gibt. Rein abwartende Züge, wie 1. Tf5 oder 1. Kb5, sind in Menge vorhanden, doch tun sie dem „Greifzweck", die Strecke f8—f3 freizulegen, kein Genüge. Die Probezüge 1. Tg4, 1. Th4 (1. ... Ld6 2. f8D† L:f8 3. ?), 1. Te4 (1. ... Ld6 2. f8D† Lb8 3. ?) und 1. Td4, 1. Tf2 (1. .... Ka7 2. ?) erfüllen wohl den Greifzweck, verstoßen aber jeweils gegen einen der Haltezwecke. Aus diesen vielfältigen Erwägungen schält sich schließlich der Schlüsselzug 1. Tf4—f1 heraus, als der einzige, der allen Anforderungen gerecht wird.

Beim Bristol-Problem findet eine solche Auswahl nicht statt, dazu ist die ganze Anlage viel zu starr. Als Symbol dieser Starrheit kann der weiße Bauer auf d2 gelten, der den Td1 mechanisch am seitlichen Ausbrechen hindert. In Nr. 19 hingegen hat der Tf4 an und für sich die Möglichkeit, durch Ausweichen nach rechts oder links die spätere Zuglinie Df8—f3 freizumachen; nur durch die Kraft der Haltezwecke, also dynamisch, bleibt er an die f-Linie gebunden, sodaß die einfache Linienöffnung durch eine Healeysche Linienbahnung ersetzt werden muß.

Werfen wir bei dieser Gelegenheit einen raschen Seitenblick auf das Diagrammpaar 20/21, das freilich keine Healeysche, sondern

Nr. 20.

W. v. Holzhausen

Dr. O. Blumenthal, Schachminiaturen II, 1903 (257)

Matt in 3 Zügen

Nr. 21.

W. v. Holzhausen

Armee-Schachzeitung IV./V. 1906 (291)

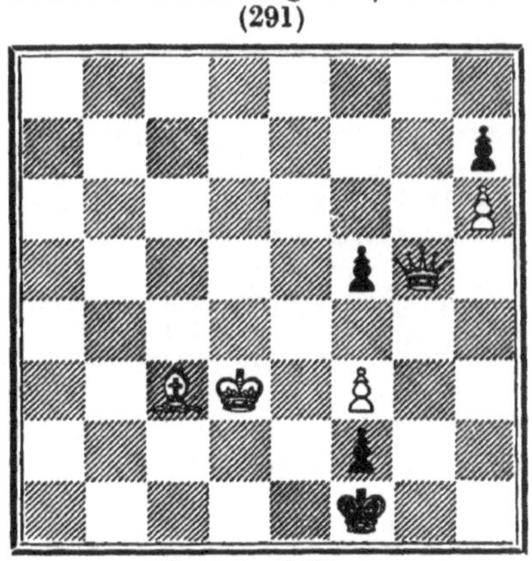

Matt in 3 Zügen

1. Lh8 f4 2. Dg7 Ke1 3. Da1‡

eine in entgegengesetzter Richtung verlaufende Bahnung, die sogenannte Loydsche, zur Darstellung bringt. Diagramm 20 zeigt uns den Läufer in die Ecke geklemmt, während er in Nr. 21 seitliche Bewegungsfreiheit besitzt. Der Versuch 1. La5 (1. Lb4, 1. Ld2) würde jedoch nach 1. ... f4 2. Dg7 zum Patt führen; Weiß muß daher anstelle der einfachen Linienöffnung die Bahnungsmethode 1. Lh8 wählen, welche dem schwarzen König das Ausgangsfeld e1 freigibt und so die Pattgefahr beseitigt. Offenbar ist die beweglichere Stellung Nr. 21 die höher organisierte.[1])

Doch wollen wir jetzt wieder zum eigentlichen Bristol-Thema zurückkehren, das wir bisher an dem Healeyschen Stammproblem und an der Miniaturfassung Nr. 19 erörtert hatten. So gut sich letztere zu theoretischen Betrachtungen über Begleitzwecke eignen mochte, so ist sie doch von allzu dürftigem Kunstwert, und ich höre schon den enttäuschten Leser ausrufen: „Wenn Ihr mit Euren Probespielen nichts Gescheiteres zustandebringt, so kann mir die ganze Richtung gestohlen werden! Da halte ich es doch lieber mit dem alten Healey!" Ich sah mich daher nach einem tauglichen Bundesgenossen um und glaube einen solchen in dem nachstehenden Bahnungsproblem von G. Schories gefunden zu haben. Dieses Stück, ein wahres Musterbeispiel der modernen logischen Ausdrucksform, dürfte auch der strengsten Kritik standhalten.

Wie aus der 1. und 4. Lösungszeile ersichtlich, hat der Läufer die beiden Strecken a8—g2 und h7—b1 freizulegen, also zwei Greifzwecke zu erfüllen. Bei Probezügen wie 1. Ld5, 1. Lf3 bliebe die erste, bei Probezügen wie 1. Ld3, 1. Lf5 die zweite der genannten Strecken verschlossen. Daraus ergibt sich, da die Felder x9[2]) und i8 für uns nicht existieren, mit logischer Notwendigkeit der Schlüsselzug 1. Le4—h1. Derselbe bedeutet im einen Fall eine Healeysche Bahnung, im andern Fall eine einfache Linienöffnung. Bewundernswert ist an dieser Aufgabe die vollkommene Ausnutzung des 8×8-feldrigen

---

[1]) In der siebensteinigen Miniatur kann der Läufer leider nicht auf c3 stehen wegen der Nebenlösungen 1. Dg6 f4 2. Kc4 Ke2 3. Dd3‡ und 1. Ld2 f4 2. Kc2 Ke2 3. Db5‡. Die bessere Läuferstellung auf c3 läßt sich also nur durch Materialvermehrung erkaufen. Die Nebenfassung Kd3 Dg5 La1 Bf4, Kf1 Bf3 f5 bzw. Kd3 Dg5 Lc3 Bf4 h3, Kf1 Bf3 f5 h4 (1. Lh8 f2 2. Dg7, mit der hinzutretenden Variante 1. .... Kf2 2. Ld4†) habe ich verworfen, weil in ihr der Parallelismus der Zuglinien Dg5—c1 und Dg7—a1 verloren geht. — Verschiebt man die ganze Stellung um eine Reihe nach links (Kc3 Df5 La2, Ke1 Be2 e3 e5), so versagt 1. Lg8 e4 2. Df7, dafür ergibt sich die neue Lösung 1. Lf7 e4 2. Lh5 Kd1 3. Df1‡. Das wäre eine ganz niedliche „Zwillingsaufgabe" zu Diagramm 20, doch ist sie schon 1891 in *Helsingfors Sporten* von A. Burmeister vorweggenommen worden: Kc3 Tf6 Lc2, Ke1 Be3 (1. Lg6 e2 2. Lh5, 1. ... Ke2 2. Ld3†, 1. ... Kd1 2. Tf1†).

[2]) Unter x9 ist das „nordwestlich" an a8 aneckende Feld zu verstehen.

Raumes. Auch das aktive Eingreifen des Läufers am Schluß der 2. Lösungszeile ist ein Vorzug; denn das Gesetz der Ökonomie gebietet eine möglichst vielseitige Betätigung aller Figuren, und davon ist auch der Bahnungsstein nicht ausgenommen. Ein Verstoß gegen die Zweckreinheit ist damit keineswegs verbunden. Es wird doch hoffentlich niemand im Ernste behaupten wollen, daß der Läufer auch aus dem Grunde nach h1 ziehe, um gegebenenfalls auf d5 mattsetzen zukönnen. Das Matt auf d5 oder ein analoges Matt auf c4, e6, f7, g8 ist ja dem Läufer unter allen Umständen sicher.

Nr. 22.
G. Schories
D. Schachztg. I. 1920 (14816)

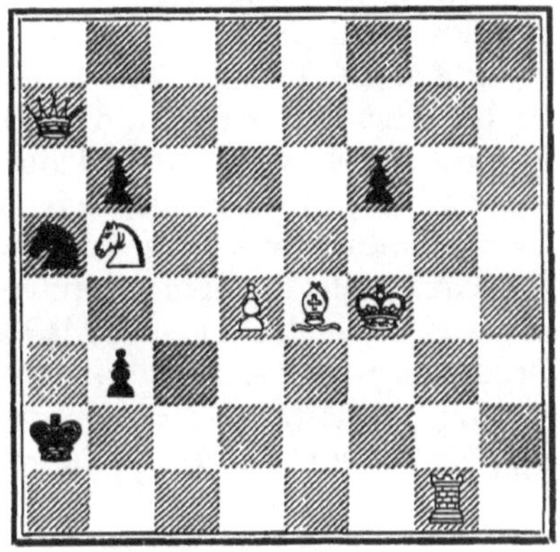

Matt in 3 Zügen

1. Lh1 f5 2. Da8 Kb2 3. Dg2‡
1. ... ... 2. ... b2 3. Ld5‡
1. ... Kb2 2. Dh7 f5 3. Dh2‡
1. ... ... 2. ... Sc4, Ka2 3. Db1‡

Bei einem Vergleich zwischen dem Bristol-Problem und Nr. 22 dürfte sich die Wagschale zugunsten der Aufgabe von Schories senken. Das verdankt sie, abgesehen von gewissen technischen Vorzügen, in erster Linie ihrem Reichtum an Probespielen und der Mehrzweckigkeit ihres Schlüsselzuges. Immer wieder möchte ich es betonen: das Ideal des logischen Schachproblems, soweit es sich um die sogenannten direkten Manöver handelt, ist Zweckfülle, gepaart mit relativer Zweckreinheit, welch letztere durch Vergleichung des Schlüsselzuges mit den Probezügen zu erweisen ist. Das alte Bristol-Problem, so groß auch seine Bedeutung für die Problemliteratur und speziell für das neudeutsche Problemwesen sein mag, ist kein gutes Beispiel eines logischen Manövers, weil dem Schlüsselzug fast gänzlich jene Begleitzwecke fehlen, die er nach unserer Theorie mit den Probezügen gemein haben sollte. Diese gemeinsamen Zwecke machen den Schlüsselzug mit den Probezügen konform, sie verleihen den Probezügen Substanz und Verführungskraft, sie reizen den Löser zur Untersuchung, worin denn eigentlich der Unterschied zwischen den scheinbar gleichguten Spielweisen bestehe. Beim Bristol-Problem hingegen steht der Schlüsselzug aus Mangel an Begleitzwecken so ziemlich isoliert da; er trotzt allen logischen Annäherungsversuchen und wird für die meisten Löser nur durch plötzliche Eingebung oder Erleuchtung zu erfassen sein.

Die hier vorgetragene Lehrmeinung ist jedoch noch keineswegs allgemein durchgedrungen. So finden wir in einem verdienstvollen neueren Kompendium der Problemkunst (H. Weenink, *The Chess Problem*, 1926; Seite 42) das Bristol-Problem gerade wegen der fehlenden Begleitzwecke als Musterbeispiel der neudeutschen Zweckreinheit hingestellt. Das ist auch gar nicht verwunderlich, denn über die Theorie der Probespiele und der relativen Zweckreinheit ist bis jetzt nur wenig an die Öffentlichkeit gelangt, und aus dem *Indischen Problem* v. 1903 kann man allerdings den Eindruck gewinnen, als ob durchgehends absolute Zweckreinheit gemeint sei. Demgegenüber muß ich hier aufs neue wiederholen, daß absolute Zweckreinheit bei den direkten Manövern dem logischen Prinzip geradezu widerstreitet; es ist ja dann nichts da, woran sich der logische Gedankengang des Lösers halten könnte.

Zum weiteren Exerzitium wollen wir noch eine Miniatur aus der Sippschaft von Nr. 19 vorführen. Auch in Nr. 23 handelt es sich um Freilegung der Damenlinie f8—f3. Beginnen wir, in Erinnerung an Nr. 19, mit 1. Tf1 oder 1. Tf2 (was bei der Fortsetzung 1. ... Ld6 2. f8D† in der Tat zum Ziele führen würde), so macht uns 1. ... Lb8 einen Strich durch die Rechnung. Wir müssen also einen Zug suchen, der nicht nur auf Räumung, sondern auch auf Absperrung des schwarzen Läufers Bedacht nimmt. Da bieten sich uns die Züge 1. Te5 und 1. Tf4 zur Auswahl dar. Beide verstellen die Linie g3–b8, beide haben räumende Wirkung. 1. Te5 ist eine einfache, mit Opfer verbundene Linienöffnung; 1. Tf4 aber ist ein sogenanntes Bahnungsopfer: indem nämlich der Schwarze den Tf4 hinwegschlägt und später wieder von f4 abzieht, legt er zu seinem eigenen Schaden die Strecke f8—f3 frei.

Nr. 23.

W. v. Holzhausen

Leipz. Tageblatt 12. 8. 1923 (185)

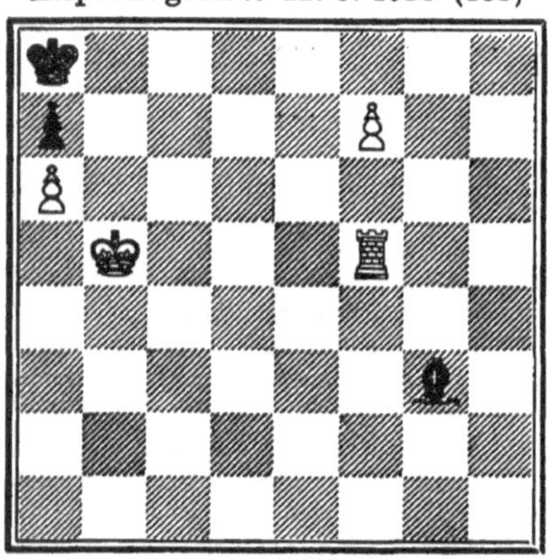

Matt in 3 Zügen

1. Tf4 L:f4 2. f8D† Lb8 3. Df3‡
1. ... Kb8 2. f8D† Kc7 3. Tf7‡

Beim näheren Vergleich zwischen 1. Te5 und 1. Tf4 zeigt sich, daß 1. Te5 Kb8 2. f8D† Kc7 3. Te7† unerwünschterweise die Linie Df8—d6 verstellt und den schwarzen König nach d6 herausläßt, während das analoge 1. Tf4 Kb8 2. f8D† Kc7 3. Tf7‡ diese Verstellung vermeidet. Die zweite Spielweise hat also einen versteckten Haltewert, nämlich die Offenhaltung der Linie f8—d6, vor der ersten voraus. Demnach wird der Löser den Versuch 1. Te5 verwerfen und sich für das Bahnungsopfer 1. Tf4 entscheiden.

Nr. 24.
W. v. Holzhausen
D. Wsch. 9. 6. 1912 (10821)

Matt in 4 Zügen

1. f7 h:g3 2. Tf1 Ld6
3. f8D† Lb8 4. Df3‡
3. ... L:f8† 4. T:f8‡
1. ... L:g3 2. Tf4 L:f4
3. f8D† Lb8 4. Df3‡
1. ... ... 2. ... Kb8
3. f8D† Kc7 4. Tf7‡
Auf 1. ... L~ folgt 2. f8D† Lb8 3. Dc8 (od. ähnlich) h:g3 4. D‡

Nachdem ich die beiden Miniaturstücke 19 u. 23 einzeln vorgelegt habe, möchte ich auch die Möglichkeit ihrer Vereinigung unter Beweis stellen. In der vierzügigen Fassung 24 sehen wir die Healeysche Bahnung (2. Tf1) mit dem Bahnungsopfer (2. Tf4) zusammengekoppelt. Das ließ sich aber nur erreichen durch einen stumpfen zurechtstellenden Anfangszug, der selbstverständlich nicht mit dem logischen Maßstab gemessen werden darf. Denn dieser Maßstab gilt ja doch nur für die ideenhaltigen Schlüsselzüge.

Nun noch einige Worte über das Indische Thema, das wir vorhin, zum Bahnungsthema übergehend, allzu rasch verlassen haben. Als Kohtz (so sage ich der Kürze halber statt „Kohtz u. Kockelkorn", zumal da Kohtz doch wohl als der eigentliche Urheber der Problemrevolution anzusehen ist) im *Indischen Problem* v. 1903 an der Lovedayschen Aufgabe den Begriff der Zweckreinheit[1]) darlegte, da war ihm zunächst nur darum zu tun, das Indische Thema gegen grobe Mißverständnisse, insonderheit gegen pattfremde, pseudoindische Darstellungen zu sichern. In diesem Sinne bestand Kohtz mit Recht darauf, daß der kritische Zug einzig und allein der Pattverhütung dienen dürfe. Wenn man den Satz jedoch wörtlich nimmt, dann wären auch jene Begleitzwecke ausgeschlossen, die wir als wesentlichen Faktor für die logische Ausdrucksweise betrachten. Über diesen Punkt, der mit der Lehre von den Probespielen und der relativen Zweckreinheit zusammenhängt, war sich Kohtz, als er das *Indische Problem* herausgab, gewiß noch nicht klar. Man kann ja auch billigerweise nicht erwarten, gleich in der ersten grundlegenden Abhandlung

[1]) Das Schlagwort „Zweckreinheit" ist bekanntlich erst später von P. A. Orlimont geprägt worden. Ansätze dazu finden sich übrigens schon bei Dr. Max Lange, *Handbuch der Schachaufgaben* (1862), Seite 259, 264 u. 270, wo von Reinheit der Idee, Reinheit der Tendenz, auch von Nebenzwecken und gemischten Zwecken die Rede ist.

all das vorweggenommen zu finden, was sich naturgemäß erst dem nachschürfenden Forschungseifer zu erschließen pflegt.

Ich bringe nun einen Indier, dessen Criticus einen sehr handgreiflichen Begleitzweck enthält. Dieses „Dreimännerproblem" ist mir ein liebes Andenken an die Frankfurter Zeit von 1904 auf 1905, wo ich mit den jungen Gebrüdern J o h n e r, die gleich mir von Begeisterung für die neuerschlossene Ideenwelt glühten, in fast täglichem Verkehr und eifrigem kompositorischen Wettbewerb stand.

Nr. 25.

W. v. H o l z h a u s e n

und H. u. P. J o h n e r

[V.] D. Wsch. 1. 10. 1905 (6544)

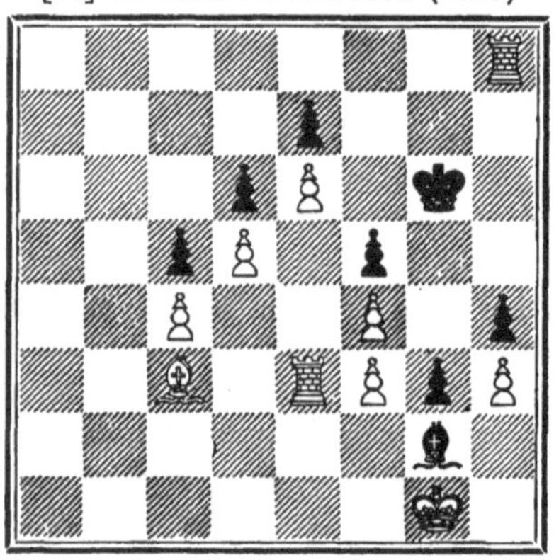

Matt in 4 Zügen

1. La1 Lh1 2. Tb3 g2
3. Tb2 K ⌣ 4. T:g2‡
1. ... L:f3 2. T:f3 g2
3. Tc3 K~ 4. Tg3‡
1. ... L~ 2. Tb3(Ta3)
nebst 3. Tbb8(Taa8)

Die letzte Zeile enthält das Drohspiel.

Auf den ersten Blick scheinen viele Wege zum Ziel zu führen, nämlich Te3—e2—b2—b8—g8, Te3—e1—b1—b8—g8 und Lc3—b2 (—a1) nebst Te3—b3—b8—g8, wobei der Turm statt der b-Linie ebensogut die a-Linie benutzen könnte. Mit Rücksicht auf die Entgegnung 1. ... L:f3 wird jedoch Weiß, wenn ihm auch die genaueren Modalitäten der Variante 1. ... L:f3 2. T:f3 erst später klar werden, seinen Turm einstweilen lieber auf e3 belassen, um das Feld f3 unter Kontrolle zu halten Die Aufmerksamkeit konzentriert sich daher auf die Räumungszüge des weißen Läufers.[1]) Beide Züge, 1. Lb2 wie 1. La1, genügen für die Variante 1. ... L:f3 2. T:f3, die sich auf die Ausnutzung des Schnittpunktes c3 stützt. Aber nur 1. La1 hilft gegen die versteckte, auf Patt abzielende Verteidigung 1. ... Lh1 2. ... g2; denn zu diesem Abspiel muß der Schnittpunkt b2 herhalten.

Nach seinem Standpunkt vom Jahre 1903 würde K o h t z das Räumungsmotiv wahrscheinlich als eine „leichte Zwecktrübung" des kritischen Zuges 1. Lc3—a1 bezeichnet haben. Vielleicht hätte er noch dazu vermerkt, daß die Zwecktrübung durch die sonstigen

---

[1]) Schade, daß die Verführung 1. Ld4 fortfallen mußte! Die nachträgliche Hinzufügung des schwarzen Bc5 war leider notwendig wegen der Nebenlösung 1. Te2 L:f3 2. Tb2 L:d5 3. c:d5, bzw. 1. ... Lh1 2. K:h1.

Qualitäten des Problems aufgewogen wird. Mit dieser wohlwollenden Toleranz ist uns jedoch nicht gedient, denn es geht hier um eine prinzipielle Frage. So will ich denn zu wiederholtem Male meine gegenteilige Ansicht bekennen: das Räumungsmotiv des Zuges 1. Lc3—a1 bedeutet keinen Verstoß gegen die Zweckreinheit; es ist ja allen Läuferzügen gemeinsam und kann daher nicht als mitbestimmend aufgeführt werden, wenn man nach den Gründen der Schnittpunktüberschreitung fragt. Ja noch mehr: der Begleitzweck, der hier in dem Räumungsmotiv vorliegt, ist geradezu ein Vorzug; denn er verleiht dem Probespiel 1. Lc3—b2 eine Bedeutung und Verführungskraft, die man im Ur-Indier an dem Probespiel 1. Lh6—g5 vergebens suchen wird.

Durch den witzigen Verteidigungsversuch 1. ... Lh1 2. ... g2 reiht sich Nr. 25 in die Kategorie der sogenannten Verteidigungsprobleme ein. Man versteht darunter solche Aufgaben, in denen sich der Schwarze von der gewöhnlichen stumpfen Abwehr zu einem ausgeklügelten Manöver aufschwingt. Das erste Beispiel eines Verteidigungsproblems gaben Kohtz u. Kockelkorn im Jahre 1865 mit einem Vierzüger, der auch in den *Brennpunktproblemen* unter Nr. 56 abgedruckt ist. Dort droht Weiß nach zwei simplen Zurechtstellungszügen mit einem anscheinend undeckbaren Doppelmatt auf c4 und g4; Schwarz hat jedoch die ihm vergönnte Frist wohlweislich benutzt, um mittels 1. ... Tc8—h8! (Bahnungszug) und 2. ... Da8—g8 die Doppeldrohung zu decken. Von einer logischen Gestaltung kann aber nur dann die Rede sein, wenn Weiß schon zu Anfang auf das zu erwartende Verteidigungsmanöver Bezug nimmt und somit im voraus die Pläne des Gegners durchkreuzt. Solches ist offenbar der Fall in Nr. 25, wo der Anziehende mit 1. La1 den Beweis liefert, daß er die Verteidigung 1. ... Lh1 2. ... g2 richtig erkannt hat.

Als Urbild für die logische Form des Verteidigungsproblems und zugleich als Urbild für das Pattmanöver 1. ... Lh1 2. ... g2 darf die nebenstehende Miniatur von Kohtz u. Kockelkorn gelten. Von dem „Dreimännerproblem“ unterscheidet sie sich in doppelter Hinsicht: einmal darin, daß g3—g2 gar nicht zur Ausführung kommt,

Nr. 26.

J. Kohtz u. C. Kockelkorn

Leipz. Illustr. Ztg. 24.3. 1866

Matt in 5 Zügen

1. Le5 Lh1! 2. L:g3 3. Ld6 4. Lf8 5. Lg7†

dann aber auch durch die lösungsverlängernde Wirkung des Verteidigungszuges Lf3—h1. Trotz der primitiven Stellung und des prosaischen Geschehens ist Nr. 26 ein Musterstück der logischen Gattung und erhebt sich dadurch turmhoch über das vorhin zitierte Verteidigungsproblem der gleichen Verfasser aus dem Jahre 1865. Der Lösungsweg ist in seinen allgemeinen Umrissen klar vorgezeichnet, aber die Wahl zwischen den Zügen 1. Lb2, 1. Lc3, 1. Ld4 u. 1. Le5, verbunden mit der Vexierfrage, warum es nicht schon in 4 Zügen gehe, richtet einen eindringlichen Appell an den Scharfsinn des Lösers.

Nr. 27.

W. v. Holzhausen

D. Wsch. 1. 10. 1905 (6529)

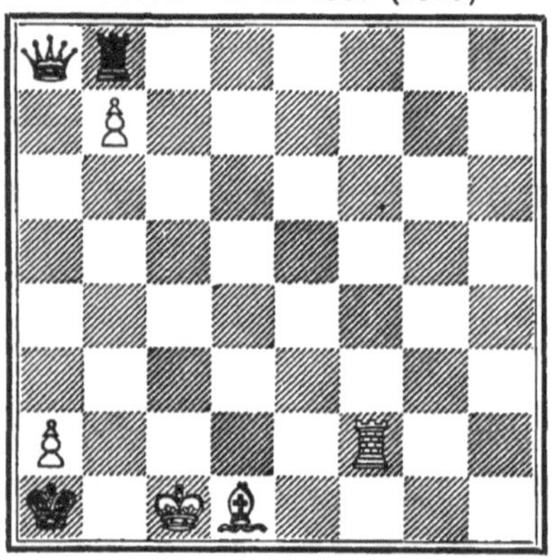

Matt in 3 Zügen

1. Tf7	Tg8	2. D:g8	K:a2
		3. Da8╪	
1. ...	T:a8	2. b:a8L(S)	K:a2
		3. Ta7╪	
1. ...	T∼	2. D:T	K:a2
		3. D╪	

Ganz nahe steht den Verteidigungsproblemen eine Aufgabe wie Nr. 27, wo Schwarz zwar kein zweizügiges Verteidigungsmanöver, wohl aber einen sehr prägnanten, vom Weißen schon im voraus zu berücksichtigenden Verteidigungszug in petto hat. Dieser Verteidigungszug ist 1. ... Tg8!, auf ihn allein ist der Schlüsselzug 1. Tf7 gemünzt.

Die Probespiele 1. Tf4, 1. Tf5, 1. Tf6 stellen den Turm für die Spielwendung 1. ... T:a8 2. b:a8 L(S), K:a2 3. T╪ zweckmäßig zurecht, treffen aber keine Vorkehrung gegen 1. ... Tg8! 2. D:g8 patt. Das Probespiel 1. Tf8 hinwiederum verhindert 1. ... Tg8, läßt aber bei 1. ... T:a8 2. b:a8L(S), K:a2 kein Eingreifen des Turmes zu. Nur auf f7 leistet der Turm beides: einerseits steht ihm in der Variante 1. ... T:a8 2. b:a8L(S) die neueröffnete Linie f7—a7 zu Gebote, andererseits entkräftet er als Sperrstein in feiner Weise die pattdrohende Verteidigung 1. ... Tg8. — Um die vorkommenden Zwecke vollständig aufzuzählen, müßte man eigentlich noch erwähnen, daß der Turm beim Verlassen der 2. Reihe die Herrschaft über das Feld a2 aufgibt und hiermit die anfangs bestehende grobe Pattgefahr beseitigt. Dieser Umstand ist jedoch allen fünf Turmzügen (1. Tf4, 1. Tf5, 1. Tf6, 1. Tf7, 1. Tf8) gemeinsam und spielt daher bei der engeren Auswahl des Schlüsselzuges keine Rolle.

Eine Problemklasse, die schon von Natur zur logischen Gattung gehört, ist die der Tempoprobleme. Ich gebe hier nur zwei Belegstücke, da über die Tempospiele später noch besonders abgehandelt werden soll. In dem zweiten Beispiel haben wir von Hause aus einen sogenannten Pseudo-Zweizüger. (Das heißt: Schwarz am Zuge würde sofort mattgesetzt werden.) Beim ersten, viel einfacheren Beispiel kommt erst im Laufe des Probespiels ein Pseudo-Zweizüger zustande.

Nr. 28.
W. v. Holzhausen
Akad. Schachblätter VIII. 1903 (107)

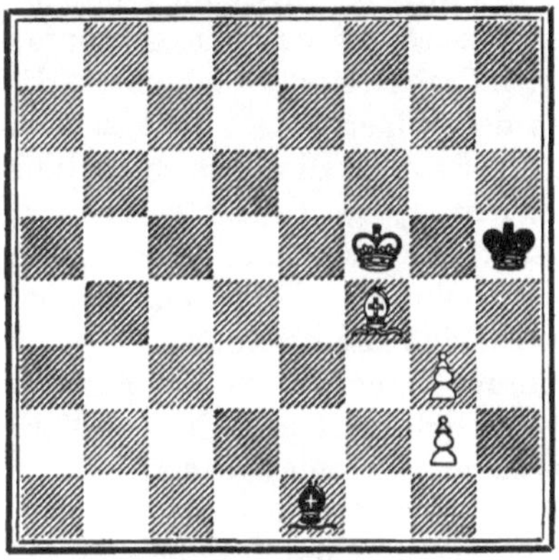

Matt in 3 Zügen

1. Le3 L:g3 2. Lg5
1. ... Ld2, Lf2 2. g4†

Nr. 29.
Dr. H. Rotzoll, Berlin
Wiener Schachzeitung, März 1927

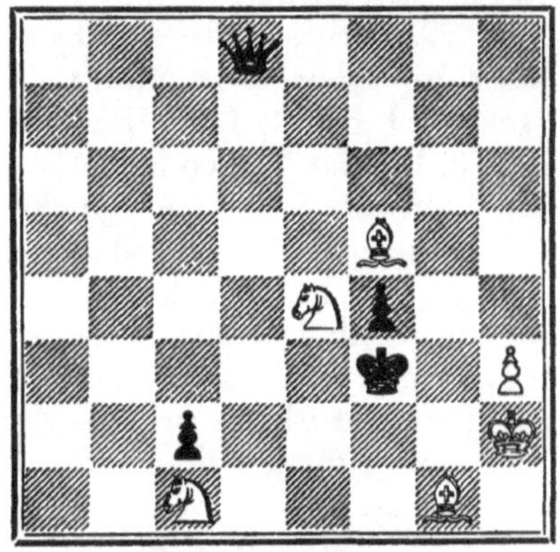

Matt in 4 Zügen

1. Lh7 Dd5 2. Lg6 Dd8 3. Lf5
1. ... ... 2. ... Da5 3. Ld4
1. ... Da5 2. Ld4 nebst 3. ‡

Beginnt man in Nr. 28 sofort mit Lg5, so fehlt nach 1. ... L:g3 der erforderliche Wartezug. Dies ist der Punkt, wo da Probespiel in einen hoffnungslosen Pseudo-Zweizüger mündet. Weiß muß daher von vornherein mittels 1. Le3 L:g3 2. Lg5 ein Zugtempo verschenken. — Bei solchen Tempoproblemen ist das Probespiel im Schlußstand mit der Lösung identisch, aber um einen weißen Zug kürzer als diese. In allen bisher betrachteten Fällen hatte das Probespiel die gleiche Länge wie die Lösung, war jedoch stellungsmäßig mit der Lösung nicht identisch, sondern nur analog.

Der Vierzüger 29 hat in meinem Aufsatz *Brennpunkt-Neuheiten* in der Wiener Schachzeitung das Licht der Welt erblickt. In seiner ganzen Anlage hat er manches gemeinsam mit einem bekannten Siebenzüger von Kohtz u. Kockelkorn (Nr. 44 der *Brennpunktprobleme* v. 1926). Aber auch im Angesicht dieses Vorgängers vermag die anmutige Rotzollsche Aufgabe ihren Platz zu behaupten; gewährt sie doch bei knapperer Zügezahl und unter geringerer Lösungsmühe im wesentlichen den gleichen geistigen Genuß wie das altmeisterliche Kapitalstück.

Ein Wartezug mit dem Lg1, wie 1. Lc5, kommt wegen 1. ... Dd4 nicht in Frage. Es bleibt also für das Tempospiel nur der Lf5, der freilich beim Verlassen seines Standfeldes den Vektor d5—g5 bzw. a5—g5 öffnet und somit dem Gegner neue Verteidigungsmöglichkeiten gewährt. Versucht man's mit 1. Lg6, so folgt 1. ... Dd5, und die Sache kommt nicht vom Fleck, da 2. Lh7 wegen D:Se4 unstatthaft ist und 2. Lf5 wieder auf die alte Grundstellung hinausläuft. Wir haben hier ein eigenartiges Probespiel, das den gefoppten Löser im Kreise herumführt. Den richtigen „Dreh" bekommt die Sache erst mit 1. Lh7; dann ist nach den Zügen 1. ... Dd5 2. Lg6 Dd8 3. Lf5 das Tempo herausgeschunden, dann ist die Anfangsstellung mit „Schwarz am Zuge" glücklich erreicht.

Zurückgreifend auf unsere Unterscheidung zwischen Zweck und äußerem Effekt, zwischen „Weil"- und „Obwohl"-Aufgaben, möchte ich zum Schluß nochmals daran erinnern, daß die Prüfung auf Logik und Zweckreinheit nur in solchen Fällen am Platze ist, wo der Schwerpunkt auch wirklich in dem Zwecke des Schlüsselzuges liegt. Stellt man die Prüfung bei anderen Aufgaben an, so gelangt man oft zu lächerlichen Ergebnissen. Es ist ungefähr ebenso, wie wenn man das Bayersdorfersche Prüfungsverfahren, das die Mattwendungen abzählt (vgl. Bayersdorfer-Buch, Seite 37—45) auf variantenlose Kombinationsprobleme anwenden wollte.

Nr. 30.
W. v. Holzhausen
Münchener Zeitung 7. 4. 1928 (1755)

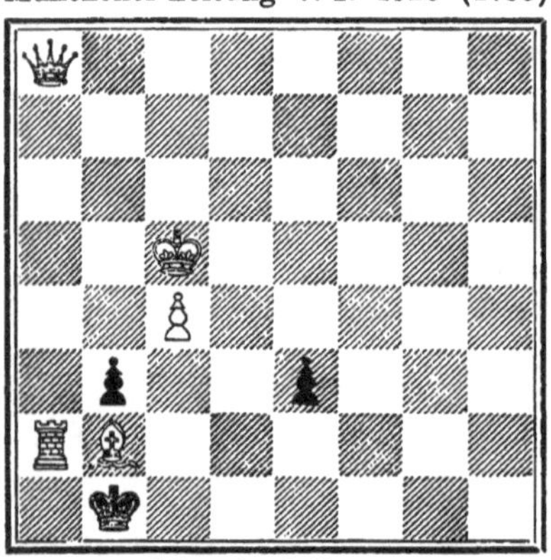

Matt in 3 Zügen

1. La3 K:a2 2. Dh8 K:a3 3. Da1‡
1. ... b:a2 2. De4† Ka1 3. Dh1‡

Zur näheren Beleuchtung diene ein Beispiel aus meiner eigenen Produktion. Diese Aufgabe, Nr. 30, will offenbar ein Effektstückchen sein, denn ihre Pointe liegt in der Opferfolge 1. La3 K:a2 2. Dh8 K:a3 — einem Problemmotiv, das J. Berger in einem preisgekrönten Vierzüger viel großartiger dargestellt hat.[1]) Nun wollen wir aber trotzdem eine Zweckprüfung vornehmen. Polizeilich verboten ist dies ja nicht; es ist nur die Frage, ob es frommt! Greifen wir

[1]) J. Berger, 1. Preis im Problemturnier des D. Schachbundes 1883: Ka2 Dg8 Td3 Lc4 Bd2 e2 f3 g5, Kb4 Tb6 Ba3 a4 b5 d6 (1. Td5 K:c4 2. Dh8 K:d5 3. e4† nebst 4. D‡).

also 1. Lc3 als Probespiel heraus (der Läufer muß ja doch wohl ziehen, um dem schwarzen König das Feld c2 zu nehmen), so sehen wir diesen Versuch lediglich an 1. ... b:a2 2. De4† Kc1 scheitern, und somit offenbart sich als Wertmoment des Schlüsselzuges 1. La3 ein Haltezweck, nämlich die Bestreichung des Königsfeldes c1. Natürlich ergibt diese Betrachtungsweise ein ganz verzerrtes Bild, denn sie betont eine Sache, auf die es hier ganz und gar nicht ankommt, und verschweigt dabei den viel wichtigeren Opfereffekt. So hätte denn der vorliegende Teil der Abhandlung mit einem kleinen Satyrspiel seinen Abschluß gefunden.

Logik und Zweckreinheit bei den indirekten Manövern.

Wenn wir uns nunmehr den indirekten Manövern zuwenden, so betreten wir ein Gebiet, das — wie schon eingangs gesagt — für die logische Betrachtungsweise bequemere Maßstäbe darbietet und daher von den neudeutschen Problemtheoretikern vorzugsweise durchforscht worden ist. Unter den einschlägigen Arbeiten ist Dr. F. Palitzschs Broschüre *Die Ablenkung* (1917) an erster Stelle zu nennen.

Da es sich hier um Erzwingungen handelt, dürfte es am Platze sein, zunächst den Begriff des Erzwingens zu erörtern. Gesetzt den Fall, ein Heerführer unternehme einen Angriff und der Gegner sehe sich dadurch zu Gegenmaßnahmen gezwungen, so ist damit keineswegs gesagt, daß diese „erzwungenen" Gegenmaßnahmen dem Angreifer willkommen sind. Falls ich hingegen durch einen Angriff den Gegner zur Räumung seiner Stellung zwinge, so bedeutet dies einen erwünschten Erfolg. Im ersten Fall kommt der etwaige Sieg trotz der Gegenmaßregeln des Verteidigers zustande, im zweiten ist der Angreifer gerade wegen des erzwungenen gegnerischen Rückzuges Sieger. Das eine Mal ist von zwei widerstreitenden Willen die Rede, das andere Mal scheint ein einziger Wille die gesamte Handlung zu beherrschen. Dieser verwirrende Doppelsinn des Wortes „erzwingen" hat denn auch zu prinzipiellen Mißverständnissen zwischen der altklassischen und der modernen Problemrichtung Anlaß gegeben. Wenn zwei disputierende Parteien einem und demselben Worte verschiedene Bedeutungen beilegen, so reden sie notwendigerweise aneinander vorbei.

Bei Schrüfer (Nr. 31) verteidigt sich Schwarz gegen die scharfe Drohung des Zuges 1. Tc8 bestmöglich mit 1. ... Tb5, unterliegt aber trotzdem dem Angriff der weißen Türme, wobei sich in der Hauptwendung 2. T:c5† K:c5 3. Tc2‡ eine schädliche Feldverstellung auf b5 geltend macht. Meinetwegen mag man 1. ... Tb5 „erzwungen" nennen; man kann aber nicht behaupten, Weiß habe mittels 1. Tc8 diesen Gegenzug eigens erzwingen wollen. Wir haben hier ein deutliches Beispiel des altklassischen Erzwingungsbegriffs, obschon die Schrüfersche Aufgabe mit ihrer einzügigen Mattdrohung und ihrer Variantenlosigkeit nicht gerade ein Musterstück der älteren Schule darstellt.

Nr. 31.
F. Schrüfer
Über Land und Meer, 1879 (7)

Matt in 3 Zügen

1. Tc8 Tb5 2. T:c5† K, T:c5
3. Tc2, Tb4‡
1. ... Ta4 2. e6 T∼
3. Tb4‡
Drohung 2. Tb4‡

Nr. 32.
A. Bayersdorfer
Problemturnier des D. Schachbundes, 1892

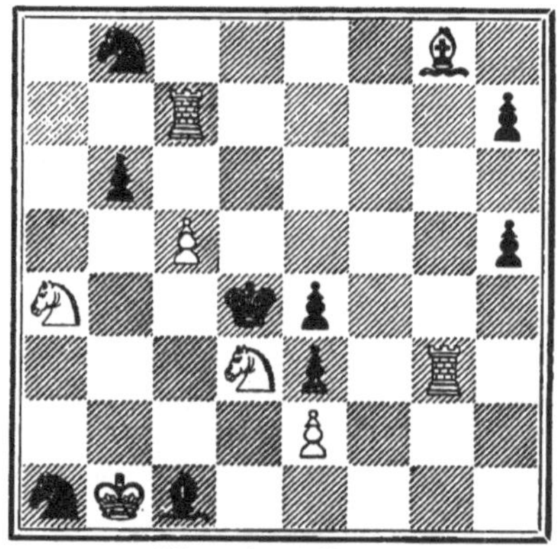

Matt in 4 Zügen

1. Te7 droh. 2. T:e4† K:e4
3. Tf3 nebst 4. Tf4‡
1. ... Lb2 2. Sf2 e:f2
3. Td3† e:d3 4. e3‡

Der unter Nr. 32 wiedergegebene Vierzüger Bayersdorfers (es ist jenes vielerörterte Stück, dem der 1. Preis zuerkannt und dann wieder entzogen wurde!) steht durch sein lang ausgesponnenes Drohspiel mit der klassischen Problemästhetik besser im Einklang. Bei langen und schwachen Drohungen, die sich auf mannigfache Art parieren lassen, verblaßt der Begriff des Erzwingens oft bis zu dem Grade, daß man schließlich gar nicht mehr von erzwungenen Gegenzügen, sondern nur noch von Varianten reden kann. Hier aber haben wir in 1. .... Lb2 einen Gegenzug von überragender Bedeutung. Er vereitelt das Drohspiel, dafür gibt er das Feld e3 preis und ermöglicht hiermit das schöne Hauptspiel 2. Sf2 e:f2 3. Td3† e:d3 4. e3‡.[1]) So gewiß in dieser Spielwendung der künstlerische Grundgedanke der Aufgabe

[1]) Ganz Ähnliches gilt von dem Zuge 1. ... Ld1—b3 in Gottschalls Nr. 3. An der dortigen Stelle hatte ich nichts davon erwähnt, weil es für die betreffende Erörterung überflüssig war.

enthalten ist, so kann doch die Weglenkung des schwarzen Läufers von c1 nach b2 nicht als der Zweck des Anfangszuges bezeichnet werden. Wenn Weiß 1. Te7 spielt, so geschieht es nicht, um 1. ... Lb2 zu erzwingen, sondern aus allgemeinen Angriffsabsichten. Die Turmpostierung auf e7 ist in jedem Falle nützlich und notwendig, gleichviel ob Weiß seinen ursprünglichen Plan zur Ausführung bringt oder unter Planänderung in das Abspiel 1. ... Lb2 einlenkt.[1])

Die logische Erzwingung ließe sich durch eine stolze Reihe von Prunkstücken aus der neudeutschen Problemliteratur belegen, für unsern theoretischen Bedarf genügt jedoch fürs erste ein ganz einfaches, schmuckloses Beispiel — das einzige unter allen meinen Problemen, das aus einer wirklich gespielten Partie hervorgegangen ist.

Nr. 33
W. v. Holzhausen
Schwalbe VIII. 1928 (215)

Matt in 3 Zügen

1. Dc3 c5 2. Df3 nebst 3. Dc6‡
1. ... T:c2 2. D:c2 c5 3. Da4‡

Hier in Nr. 33 scheitert sofortiges Df3 unwiderruflich an T:c2; es wird daher zunächst der schwarze c-Bauer vorgelockt, und dann erst erfolgt Df3. Offenbar ist diese Erzwingung des Bauernzuges c7—c5 von ganz anderem Charakter als die sogenannte Erzwingung der Züge 1. ... Ta5—b5 und 1. ... Lc1—b2 in den beiden vorigen Stücken. Man hat hier nicht, wie bei Schrüfer und Bayersdorfer, den Eindruck eines Ringens zwischen zwei souveränen Parteien, sondern wir sehen die Schritte des Schwarzen durch eine Art Vorsehung gelenkt, die sich in der Person des weißen Heerführers verkörpert. Mag auch der Schwarze, indem er die Mattdrohung Dc3—c6‡ mit c7—c5 pariert, einen kleinen Willensakt ausüben, so bleibt er doch dabei einem höheren Willen, nämlich dem Kombinationsplan des Weißen, unterworfen.

---

[1]) Der ganze Geist dieser Variantenprobleme läßt sich gar nicht besser charakterisieren als durch die nachstehenden Worte Arthur Schopenhauers (*Aphorismen*, Kap. V, 48). „Es ist im Leben wie im Schachspiel: wir entwerfen einen Plan; dieser bleibt jedoch bedingt durch das, was im Schachspiel dem Gegner, im Leben dem Schicksal, zu tun belieben wird. Die Modifikationen, welche hierdurch unser Plan erleidet, sind meistens so groß, daß er in der Ausführung kaum noch an einigen Grundzügen zu erkennen ist."

Damit wir uns über die indirekten Manöver bequemer verständigen können, müssen wir uns mit einigen Kunstausdrücken vertraut machen, die sich im neudeutschen Problemwesen eingebürgert haben. Das mit 2. Df3 beginnende Schlußspiel führt den Namen des Hauptplans, und die vorhergehende Lenkung 1. Dc3 c5 wird im Verhältnis zum Hauptplan als Vorplan bezeichnet.[1]) Der Hauptplan bildet den gegebenen Grundstock der Lösung; seine sofortige Ausführung stellt das Probespiel dar. Ihn durch Hinzufügung des Vorplans zweckmäßig zu ergänzen, darin besteht der logische Teil der Lösungstätigkeit.

Wie bei den direkten, so liegt auch hier bei den indirekten Manövern der Feingehalt in dem Unterschied zwischen Probespiel und Lösung. Während jedoch bei den direkten Manövern das Probespiel und die Lösung zwei analoge und in der Regel gleichlange Spielweisen sind, deren Unterschied durch ein künstliches Subtraktionsverfahren herausgeklaubt werden muß, so sind dieselben bei den indirekten Manövern von ungleicher Beschaffenheit und Länge: das Probespiel besteht nämlich, wie bereits gesagt, aus dem Hauptplan, die Lösung aber aus Vorplan plus Hauptplan. Die Differenz der beiden ist also in Gestalt des Vorplans mit Händen zu greifen. Dies verleiht den indirekten Manövern den Vorzug der sinnfälligeren Klarheit.

Nach dem Grundsatz der Zweckreinheit darf die sofortige Ausführung des Hauptplans nur an einer einzigen Störung scheitern und der Vorplan keinen andern Zweck verfolgen als die Beseitigung dieser Störung. Vergleichen wir daraufhin die beiden Spielweisen 1. Dh3—f3 und 1. Dh3—c3 c7—c5 2. Dc3—f3, so finden wir die weiße Dame jedesmal auf f3; die Exkursion nach c3 hat also keine Spur hinterlassen. Der einzige Unterschied besteht in dem programmgemäß erzwungenen c7—c5, womit die Zweckreinheit des Vorplans 1. Dc3 c5 erwiesen ist. Im Gegensatz zu der relativen Zweckreinheit der direkten Manöver kann und muß von den indirekten Manövern absolute Zweckreinheit verlangt werden.

Bei zweckreiner Darstellung darf der Vorplan keine Stellungsverbesserung für Weiß enthalten. Es wäre jedoch ganz verfehlt, wenn man einen Zug wie 1. Dh3—c3 aus dem Zusammenhang herausreißen und für sich allein betrachten wollte. Selbstverständlich bedeutet dieser Damenzug eine gewisse Machtentfaltung der weißen Partei. Dahin gehört in erster Linie die Mattdrohung Dc3—c6†, die ja gerade das Zwangsmittel für c7—c5 ist. Ferner wirkt die Dame von c3 aus auf das Feld c2, wie aus der Variante 1. ... T:c2 2. D:c2 ersicht-

[1]) Die Ausdrücke „Vorplan“ und „Hauptplan“ stammen von Dr. Max Lange (vgl. *Handbuch der Schachaufgaben*, S. 309—311) und wurden von mir in der Münchener Akad. Festschrift v. 1911 zum allgemeinen Gebrauch empfohlen. Statt Vorplan sagte Dr. Lange auch Sicherungs- oder Hülfsplan.

lich. Das alles hat aber mit der Frage der Zweckreinheit nicht das geringste zu tun. Denn es handelt sich für uns nicht um den Zug 1. Dh3—c3, sondern um die Zugfolge 1. Dh3—c3 c7—c5, die wir als untrennbare Einheit ansehen. Wenn Schwarz nicht mit c7—c5 antwortet, hat die Dame das unumschränkte Recht, nach allen Richtungen hin von den Vorteilen ihres Standfeldes c3 Gebrauch zu machen. Erst nach Zustandekommen des Vorplans 1. Dh3—c3 c7—c5 tritt das Gesetz der Zweckreinheit in Kraft, und dieses gebietet, daß die Dame von dem Standfeld c3 keinen weiteren Nutzen ziehe. In unserm Beispiel wird dem Gebote Rechnung getragen, indem die Dame von c3 unverzüglich nach f3 weiterwandert, also auf ein Feld, das ihr schon in der Anfangsstellung von h3 aus zur Verfügung stand. Über das wiederholte Ziehen mit einer und derselben langschrittigen Figur habe ich schon in den *Brennpunktproblemen* auf S. 122—124 gesprochen. Es ist ein sehr brauchbares Mittel zur zweckreinen Darstellung von indirekten Manövern.

In den zwei folgenden Beispielen enthält der Schlüsselzug, der die nachteilige Stellungsänderung beim Schwarzen erzwingt, zugleich eine Verbesserung der weißen Stellung. Trotzdem sind es Kunstwerke von hoher Qualität, wie ja überhaupt die beiden Problemmeister Köhnlein und Sackmann zu den schönsten Zierden der deutschen Problemkunst gehörten.

Nr. 34 ist als Vorgänger der „Schwalbe“ (vgl. *Brennpunktprobleme*, S. 101—103) von problemgeschichtlichem Interesse. Wir finden hier eine wechselseitige Verstellung des schwarzen Turmes und Läufers, eingeleitet durch zwei kritische Züge des Schwarzen, und das alles auf opferlose Weise herbeigeführt. Daneben bezeugt die langgestreckte und verborgene Drohung des Anfangszuges 1. Tc7 eine an Klett und Berger geschulte Technik. In der Tat, wenn man den neudeutschen Ideengehalt des Problems und das echt Bergersche Drohspiel in Betracht zieht, möchte man an eine glückliche

Nr. 34.

F. Köhnlein († 1916)

D. Wsch. 1. 1. 1905 und 9. 4. 1905 (6071)

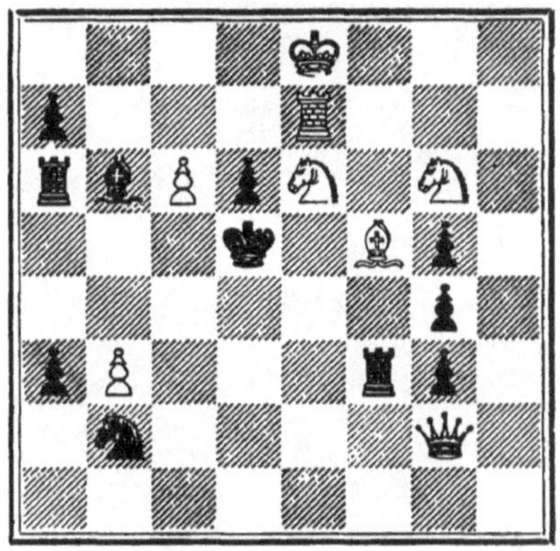

Matt in 4 Zügen

1. Tc7 Lg1 2. Dd2† Td3 3. De2
3. ... Te3 4. Db5‡
3. ... Le3 4. Dg2‡
1. ... L:c7 2. De2 K:c6
3. D:a6† usw.
1. ... Ld4 2. L:g4 nebst
3. D:f3 ‡
1. ... ∼ 2. Dh1 ∼ 3. Se7† Ke5
4. Dh8‡ (Drohspiel)

Vereinigung der beiden Kunstideale glauben. Aber der Pferdefuß, der den Kompromissen in der Regel anhaftet, bleibt auch hier nicht aus! Schon Kohtz hat im D. Wsch. vom 9. 4. 1905 — bei voller Würdigung der hervorragenden konstruktiven Leistung Köhnleins — dem Zuge 1. ... Lb6—g1 den wahren kritischen Charakter abgesprochen, weil der Löser erst hinterher zu seiner Überraschung gewahr wird, in diesem Läuferzuge eine Schnittpunkt-Überschreitung erzwungen zu haben. Die heutige Problemtheorie pflegt sich nicht mehr auf das allzu subjektive „Überraschungs"-Argument zu stützen. Auch kennt sie, streng genommen, gar keinen für sich bestehenden schwarzen Criticus, sondern nur ein Erzwingungs- oder Lenkungsmanöver, das sich aus dem erzwingenden weißen und dem erzwungenen schwarzen Zuge zusammensetzt. Diese Betrachtungsweise gewährt uns einen viel objektiveren und zuverlässigeren Maßstab. Wenn wir das Manöver 1. Te7—c7 Lb6—g1 als Ganzes ins Auge fassen, entdecken wir in der Bestreichung des Feldes c6 eine wesentliche und bleibende Verbesserung der weißen Stellung, und damit ist die Frage der Zweckreinheit ohne alle Widerrede in negativem Sinne entschieden.

Nr. 35.
F. Sackmann († 1927)
Akad. Monatsheft f. Schach 1911

Matt in 4 Zügen

1. Kg6 Lb2 2. Sh5 Le5 3. Dh8
3. ... S† 4. Sf6‡
3. ... L:h8 4. S:g3‡

Bei Sackmann handelt es sich um einen sogenannten Feldverstellungs-Römer. Der schwarze Läufer soll von a3 nach b2 gezwungen werden; dann kommt er nach späterem Sf4—h5 nicht auf d6, sondern auf e5 zu stehen, woselbst er dem schwarzen Springer ein wichtiges Ausgangsfeld nimmt. Die Darstellung ist jedoch alles eher als zweckrein. Denn der Anfangszug 1. Kh7—g6, der die Römische Lenkung in die Wege leitet, bewirkt zugleich eine bleibende Linienöffnung, von der denn auch die weiße Dame im 3. Zuge entscheidenden Nutzen zieht. Die Sache ist aber noch komplizierter. Indem nämlich der weiße König das Feld g6 betritt, setzt er sich dem eventuellen Doppelschach Sc6—e5† aus, und diese Schachgefahr liefert überhaupt erst die Begründung für das Lenkungsmanöver La3—b2—e5. Durch den Königszug wird also die Gefahr heraufbeschworen und gleichzeitig gebändigt!

Durch hundert Hintertüren können sich störende Nebenzwecke in das Erzwingungsproblem einschleichen, und zwar um so leichter, je ausgedehnter und verzwickter der Lösungsverlauf ist. Eine Aufzählung all dieser Fährlichkeiten erscheint unmöglich, es hilft da nur die Wachsamkeit des Komponisten in jedem einzelnen Fall. Doch will ich noch als drittes lehrreiches Beispiel die Aufgabe 36 anführen, die mir aus meinem Preisrichteramt im Dresdener Thematurnier v. 1927 in frischer Erinnerung steht. Meine Beanstandung trifft auch hier keineswegs die Aufgabe als solche; nur ihr verborgener Verstoß gegen die Zweckreinheit soll zu allgemeinem Nutz und Frommen angekreidet werden.

Nr. 36.

G. M. Fuchs

Dresdner Anzeiger 25. 9. 1927 (922)

Matt in 4 Zügen

1. e5 Tc2 2. S:e6 Dc4 3. Lc6† D:c6 4. Sg5‡

Der Hauptplan besteht in S:e6 nebst Sg5‡; seine sofortige Ausführung scheitert an dem Fesselungszuge Ld1—b3. Daher der Vorplan 1. e5 (droh. 2. Lc6‡) Tc2, mit Verstellung der Läuferlinie d1—b3. Wenn jetzt 2. S:e6 geschieht, so hat Schwarz, gewissermaßen als Ersatz für das verbaute Ld1—b3, die neue analoge Verteidigung 2. ... Df1—c4, doch wird dieser Damenzug durch das Ablenkungsmanöver 3. Lc6† D:c6 als unzureichend erwiesen. In der Ausschaltung der ursprünglichen Verteidigung Ld1—b3 und der Einschaltung der neuen Verteidigung Df1—c4 drückt sich die von Dr. F. Palitzsch im Jahre 1918 herausgebrachte „Dresdner Idee“ aus, die den Gegenstand des besagten Thematurniers bildete. — Bei aller sonstigen Klarheit der Darstellung muß dem Lenkungsmanöver 1. e5 Tc2 die Zweckreinheit abgesprochen werden. Denn die durch 1. e5 eröffnete Drohung Lc6‡ bleibt auch nach dem Deckungszuge 1. ... Tc2 als latente Drohung bestehen, sie ist gleichsam eine dauernde Wunde am Körper des Schwarzen. Wie Schwarz an dieser Wunde später wirklich zugrunde geht, ersehen wir aus der Wendung 3. Lc6† D:c6. Man kann also nicht behaupten, daß 1. e5 mit der Drohung Lc6‡ lediglich deswegen geschehe, um den gegen Ld1—b3 gerichteten Sperrzug 1. ... Tc2 zu erzwingen!

Es darf jedoch nicht verkannt werden, daß neben der streng neudeutsch-zweckreinen Richtung eine andere, gleichfalls thematische einhergeht, die grundsätzlich nur auf den Tatbestand der schwarzen Stellungsänderung sieht, ohne sich darüber Gedanken zu machen, ob mit dem Erzwingungsmanöver eine Verbesserung der weißen Stellung verbunden ist. Dieser Kompositionsweise — sie steht wohl mehr im Ausland als hierzulande in Übung — haftet etwas Sportmäßiges an: sie stellt sich in der Regel ein schwieriges, auf Doppelsetzung oder Häufung beruhendes „schwarzes Thema", zu dessen Bewältigung dann jedes Mittel erlaubt ist.

Als klassisches Beispiel gebe ich jene Aufgabe von O. Würzburg, die in der Problemliteratur als eine der ersten Darstellungen des „opferlosen Plachutta" gilt (vgl. auch *Brennpunktprobleme* S. 104—105). Wer hier die wechselseitige T-T-Verstellung auf d4 mit dem themagemäßen zweizügigen Schlußspiel sieht, wird vielleicht sagen: „Was will man mehr? Das Thema ist einwandfrei und elegant erledigt!" Und doch: die neudeutsche Richtung will noch mehr, sie will bekanntlich eine zweckreine Erzwingung der thematischen schwarzen Stellungsänderungen. Daß dies bei 1. Se5 nicht der Fall ist, erkennt man sofort an dem Springermatt 3. S:g4‡ und 3. Sd7‡ in den beiden letzten Lösungszeilen. Es liegt mir gewiß fern, derartige Kompositionen zu verwerfen, zumal wenn sie so ansprechend konstruiert sind wie das Würzburgsche Stück. Auch weiß ich recht wohl, daß die oft an Spitzfindigkeit grenzende Logik der neudeutschen Schule nicht jedermanns Sache ist. Das darf uns aber nicht abhalten, auf einer reinlichen Scheidung zwischen der zweckreinen und der nicht-zweckreinen Darstellungsform zu bestehen.

Nr. 37.

O. Würzburg

[V.] Zlata Praha 25. 6. 1909

Matt in 3 Zügen

1. Se5 droh. 2. Db2 nebst 3. S‡
1. ... Tcd4 2. Dd5 T:d5 3. S:g4‡
1. ... Tdd4 2. De4 T:e4 3. Sd7‡

Als weiteren Beleg bringe ich eine Konstruktionsstudie von Dr. E. Palkoska, die mir der berühmte Prager Problemmeister liebenswürdigerweise als Original für meinen Aufsatz überlassen hat. Wir haben hier eine großartige Häufung von schwarzen und weißen Sperrzügen: 1. ... Le5 verstellt die Turmlinie d5—h5 und die Damenlinie d4—h8, 2. Lf4 die Läuferlinie e5—h2; 1. ... Te5 sperrt die Läuferlinie b8—h2 und die Damenlinie d4—h8, 2. Lg5 die Turmlinie e5—h5; 1. ... De5 unterbricht die Läuferlinie b8—h2 und die Turmlinie d5—h5, 2. Lg7 die Damenlinie e5—h8. Als Vorlage diente ein Dreizüger von K. Hannemann, der im Jahresturnier 1927 der *Tidjschrift Nederland. Schaakbond* mit dem 3. Preise ausgezeichnet wurde: Ka7 Df4 Tg1 Lf1 Sb2 d8 Bb6 d7, Ka5 Dd5 Te7 Lg6 Bb3 b4 b5 b7 (1. De4 L:e4 2. Ld3, 1. ... T:e4 2. Le2, 1. ... D:e4 2. Lg2). Während Hannemann ein Damenopfer mit mehrfacher Drohung verwendet, hat Dr. Palkoska die gehäufte Verstellung auf dem Felde e5 opferlos und unter eindeutiger Drohung zustande gebracht. Bei aller Anerkennung dieser konstruktiven Leistung dürfen wir aber nicht den Hinweis unterlassen, daß der Einleitungszug 1. T:h7 den zum Mattsetzen bestimmten Turm in Aktion bringt, also einen ausgesprochenen Positionsgewinn für die weiße Partei in sich schließt.

Nr. 38.

Dr. E. Palkoska

Konstruktionsstudie nach K. Hannemann (Urdruck)

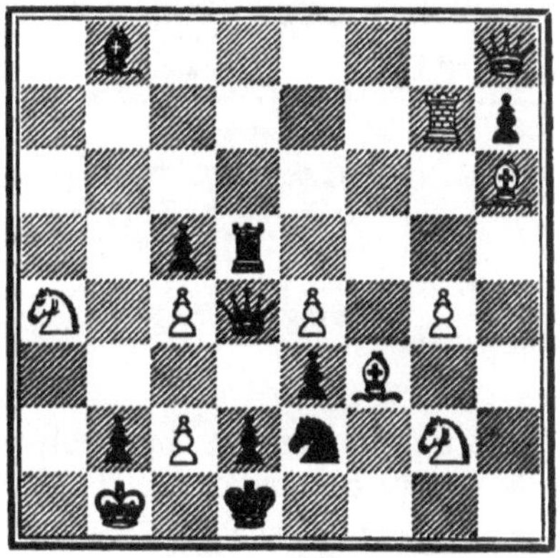

Matt in 3 Zügen

1. T:h7 Le5 2. Lf4
1. ... Te5 2. Lg5
1. ... De5 2. Lg7
(1. ... D:h8 2. c3)
Drohung 2. D:d4

Eine Hauptstütze findet der „schwarz-thematische“ Stil (so will ich den Stil von Nr. 37 und 38 kurzerhand nennen, weil er nur auf die schwarzen Themazüge Gewicht legt) an dem neuzeitlichen Task- oder Häufungs-Zweizüger. Hier ist die Aufmerksamkeit des Lösers so sehr von dem sinnfälligen Tatbestand der Häufung in Anspruch genommen, daß wohl niemand daran denken wird, eine Prüfung auf Zweckreinheit anzustellen. Andererseits hat hier auch der Komponist mit so viel technischen Schwierigkeiten zu kämpfen, daß er schon froh ist, wenn er sein Rekordstück irgendwie auf die Beine gestellt hat.

Unter Nr. 39 reproduziere ich ein Preisproblem deutscher Herkunft, das freilich die hohe Auszeichnung nur dem Umstande verdankt, daß die Preisrichter den südamerikanischen Vorgänger Nr. 40 nicht kannten. Bei Weyding sind es fünf, bei Ellermann vier Verstellungen durch den schwarzen Läufer. Bei Weyding hat der Schlüsselzug 1. Sbd2, der den Läufer zum Ziehen zwingt, in den Themaspielen noch verschiedene Nebenfunktionen (Bestreichung von e4 und c4). Bei Ellermann ist die Erzwingung zweckrein, denn der Schlüsselzug 1. Ka4 bewirkt weiter nichts als die Räumung des Feldes b3, und diese

Nr. 39.
C. Weyding
3. Preis im Hannov. Problemturnier 1926 (Zweizüger-Abteilung)

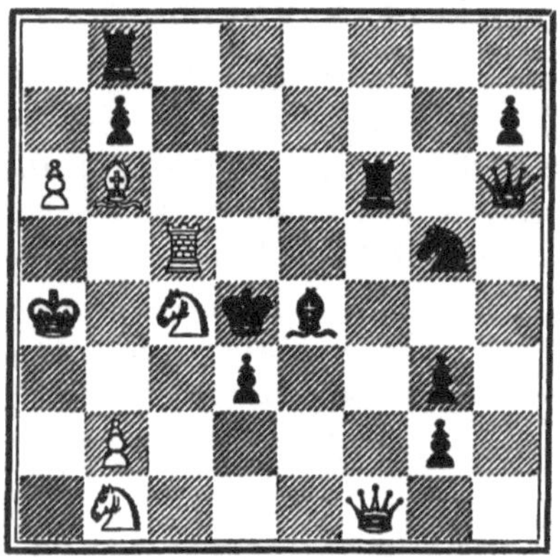

Matt in 2 Zügen

1. Sbd2 Lc6† 2. Tb5‡
1. ... Ld5 2. Tc6‡
1. ... Lg6 2. D:f6‡
1. ... Lf3, Lf5 2. Dg1‡
Drohung 2. Sb3‡

Nr. 40.
A. Ellermann
Uruguay-Ajedrez, März 1916 (161)

Matt in 2 Zügen

1. Ka4 Lc6† 2. Tb5‡
1. ... Ld5 2. Tc6‡
1. ... Lg6 2. Dd6‡
1. ... Lf5 2. L:e5‡
Drohung 2. Sb3‡

Räumung kommt nur im Drohspiel zur Geltung. Ein besonderer Vorzug dürfte daraus kaum abzuleiten sein. So sehr ich auch sonst der Zweckreinheit das Wort rede, gerade beim Häufungs-Zweizüger möchte ich sie nicht als ausschlaggebenden Wertfaktor betrachten.

Den räumenden Königszug, dem wir soeben bei Ellermann begegnet sind, hat auch K. A. K. Larsen in seinem preisgekrönten Dreizüger aus dem Hannov. Problemturnier mit Geschick verwendet. Die Darstellung ist zweckrein, weil der Königszug mit seiner Drohung nichts weiter zu bestellen hat als die Erzwingung der schwarzen Stellungsänderung. Um die Drohung zu parieren, muß Schwarz mit einer langschrittigen Figur ein bestimmtes Feld betreten (1. ... Ld8—b6 oder 1. ... Td6—b6). Hierdurch aber wird ein anderer schwarzer Langschrittler in seiner Bewegungsfreiheit gehemmt, sodaß ihm für seinen demnächst erforderlichen Räumungszug nur ein ungünstiges Feld übrigbleibt (2. ... Td6—c6 bzw. 2. ... Ld8—c7) — ungünstig insofern, als er dort die Wirkungslinie einer dritten schwarzen Figur (La8—d5 bzw. Tc8—c5) verstellt. Dieser ganze komplizierte Vorgang wiederholt sich, wie wir sehen, in zwei analogen Spielen, wobei Turm und Läufer des Schwarzen jeweils ihre Rollen vertauschen.

Bekanntlich kann man vielen Klippen aus dem Wege gehen, wenn man die Lenkung durch ein Opfer bewerkstelligt, wie es Kohtz im *Ind. Probl.* für die Erzwingung des kritischen Zuges als Norm hingestellt hat. Dann ist nach vollzogener Lenkung der weiße Akteur vom Brett verschwunden, und damit ist auch die Gefahr einer weißen „Stellungsverbesserung" auf ein Mindestmaß herabgedrückt. Nur in Form einer Linien- oder Feldräumung könnte der geopferte Stein eine zu beanstandende Nebenwirkung hinterlassen. Solches ist der Fall in Diagramm 42, einem zweizügigen Schema, wo der Hauptplan zum Mattzug zusammengeschrumpft ist. Hier bezweckt 1. Ta7† S:a7 neben der Hinlenkung des schwarzen Springers zugleich eine Räumung der weißen Läuferlinie d6—b8; dementsprechend scheitert das Probespiel 1. b7† an 1. ... Ka7 und 1. ... Kb8.

Nr. 41.
K. A. K. Larsen
1. Preis im Hannov. Problemturnier 1926 (Dreizüger-Abteilung)

Matt in 3 Zügen

1. Kf1 Lb6 2. Tf5 Tdc6 3. L:d5‡
1. .... Tb6 2. Sg6 Lc7 3. S:c5‡
Drohung 2. Ld1 u. 3. Lg4‡

Einen andersartigen Doppelzweck haben wir in Diagramm 43. Diesmal enthält 1. Ta7† L:a7 eine zwiefache Lenkung des schwarzen Läufers, nämlich eine Hinlenkung nach a7 und eine Ablenkung von dem Wirkungsfelde c7, was ja auch in der doppelten Widerlegung des Probespiels (1. Sc7† Ka7, L:c7) zum Ausdruck kommt. Stünde der Turm auf c7, dann träte noch eine weiße Feldräumung hinzu und das Probespiel würde irreal. — Man könnte bei Nr. 43 von einem schwarzen

Nr. 42.
Schema

Matt in 2 Zügen

1. Ta7† S:a7
2. b7‡

Nr. 43.
Schema

Matt in 2 Zügen

1. Ta7† L:a7
2. Sc7‡

Nr. 44.
Schema

Matt in 2 Zügen

1. Da7† D:a7
2. Sc7‡

und bei Nr. 42 von einem gemischten Doppelzweck reden. Den dritten im Bunde, d. h. den weißen Doppelzweck, haben wir bereits durch Diagramm 7 kennen gelernt.[1]) Am gefährlichsten von den dreien erscheint mir der Mischling; er ist, zumal in seiner opferlosen Form, der eigentliche Hauptfeind der Zweckreinheit.

Als zweckrein hingegen ist das Manöver in Nr. 44 zu bewerten. Die einzige Triebfeder ist hier die Ablenkungstendenz, wie man aus dem Probespiel 1. Sc7† D:c7† ersieht. Die schwarze Feldverstellung ist lediglich ein Ersatz für die im Probespiel vorhandene weiße Damenwirkung auf das Feld a7.

Die in den obigen drei Diagrammen skizzierten Fälle mögen nun auch durch einige Problembeispiele belegt werden.

Nr. 45.

W. v. Holzhausen

D. Wsch. 3. 1. 1909 (8522)

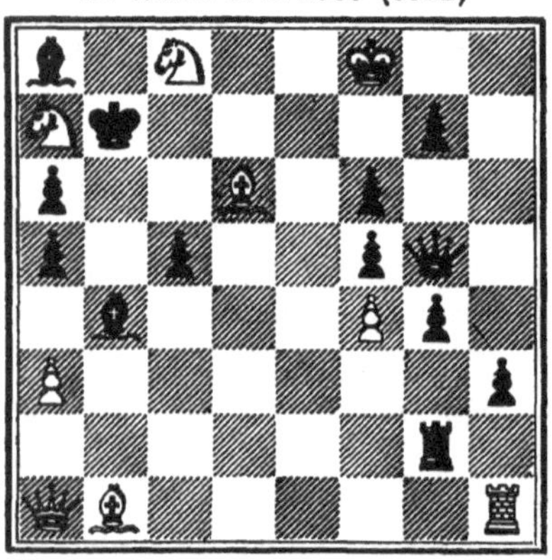

Matt in 4 Zügen

1. Te1 L:e1 2. La2 T:a2 3. Dd1
3. ... Td2 4. Db3‡
3. ... Ld2 4. Dh1‡

Nr. 45 ist wieder ein Vorgänger der „Schwalbe"; opferlos ist aber diesmal nur die T-L-Verstellung, während die vorangehenden kritischen Züge unter Opfern erzwungen werden. Was das Manöver 2. La2 T:a2 betrifft, so liegt sein räumender Nebenzweck (Öffnung der Linie Da1—d1) klar zutage. Wenn nur wenigstens 1. Te1 L:e1 zweckrein wäre! Aber auch dieses müssen wir leider verneinen, denn das Opfer auf e1 ist nicht nur ein Lenkungs-, sondern auch ein Bahnungsopfer. Indem der schwarze Läufer den Te1 schlägt und später wieder von e1 wegzieht, gibt er der weißen Dame freie Bahn für den Mattzug Dd1—h1. Man sieht: die von Kohtz im *Ind. Probl.* empfohlene Opfermethode bietet durchaus keine sichere Gewähr für die Zweckreinheit. Mit ihren groben Nebenzwecken bedeutet die Aufgabe 45 eher einen Rückschritt gegen die Köhnleinsche aus dem Jahre 1905, und hierbei ist es geblieben, bis Kohtz u. Kockelkorn im Jahre 1911 die endgültige Darstellung des schwierigen Themas herausbrachten.

---

[1]) Was ich hier Doppelzweck nenne, bezeichnet Dr. Max Lange in seiner juristisch gefärbten Ausdrucksweise als „ideale Konkurrenz" zweier Zwecke (vgl. *Handbuch der Schachaufgaben* S. 245—246).

In Nr. 46 kann der Opferstein auf zwei verschiedene Arten geschlagen werden, was an sich natürlich nicht gegen die Zweckreinheit verstößt. Wir haben hier in den beiden Lösungszeilen gewissermaßen zwei separate Lenkungsprobleme, die durch den gemeinsamen Anfangszug 1. Tg6 aneinander gekoppelt sind. Notwendigerweise muß jeder Lösungszeile ein besonderes Probespiel entsprechen. Bei dem ersten Probespiel 1. f5 Ld3! klappt alles nach Wunsch, aber das zweite Probespiel 1. Th7 wird nicht nur durch 1. ... L:h7 widerlegt, sondern ist überhaupt wegen des schwarzen Bauern auf f7 sinnlos. In diesem Versagen des Probespiels spiegelt sich die Tatsache wieder, daß die Lenkung 1. Tg6 f:g6 mit einem Doppelzweck behaftet ist: sie sperrt die Läuferdiagonale b1—h7 und öffnet gleichzeitig die Linie h7—c7. Es ist ein „schwarzer" Doppelzweck, nach Art des Schemas 43.

Nr. 46.

W. v. Holzhausen

Lösungsturnier des Schachklubs Ingolstadt, 20. 2. 1921

D. Wsch. 6. 3. 1921 (15706)

Matt in 3 Zügen

1. Tg6 L:g6 2. f5 nebst 3. Tc4‡
1. ... f:g6 2. Th7 nebst 3. Tc7‡

Es wäre wohl allzu fanatisch, wenn man deswegen eine Aufgabe wie Nr. 46, die keinerlei thematische Ansprüche stellt, in Grund und Boden verdammen wollte. Ja, mancher wird in dem Doppelzweck sogar eine kleine Pikanterie erblikken. Etwas anderes ist es bei ausgesprochen thematischen Arbeiten. Falls jemand ein großzügiges schwarzes Schnittpunktproblem komponiert und dann die Enttäuschung erleben muß, daß an dem kritischen Zuge allerhand verborgene Nebenzwecke nachgewiesen werden, so hat er seine Mühe vergebens aufgewendet. In den *Brennpunktproblemen*, S. 82—83, habe ich einen derartigen Fall aus meiner eigenen Praxis eingehend dargelegt. Es handelt sich dort um eine sechszügige Schnittpunktaufgabe mit der kritischen Einleitung 1. Th5—h6 Le3:h6. Nun macht sich aber in einem der Probespiele (bei der komplizierten Anlage des Problems gibt es deren mehrere!) die Verteidigung Le3—b6 geltend, und daraus war der betrübliche Schluß zu ziehen, daß das kritische Manöver mit einer gemeinen Ablenkung, also mit einem fehlerhaften Nebenzweck, verquickt ist. Einen ähnlichen, aber im Grunde doch etwas anders beschaffenen Fall will ich nachstehend zum besten geben.

Nr. 47.
W. v. Holzhausen
nach A. v. Cywinski[1])
Festschrift des Akad. Schachklubs
München, 1911

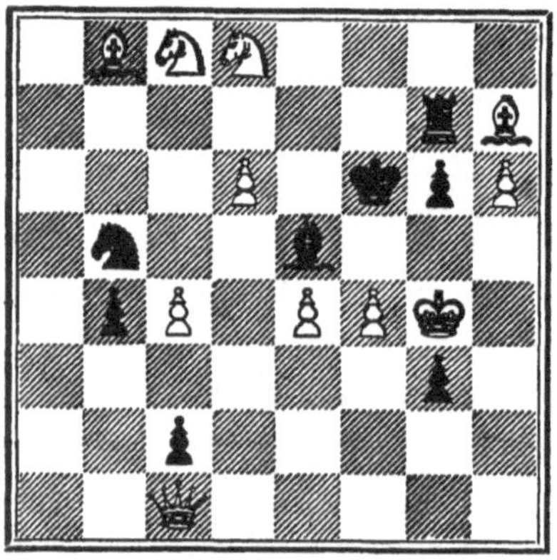

Matt in 4 Zügen

1. La7 T:a7 2. Da1 L:a1
3. Sb6 Sc7 4. Sd7‡
3. ... Sc3 4. e5‡
1. ... ... 2. Da1 T:a1
3. Sb6 L:f4 4. Sd7‡
3. ... L:d6 4. Sd5‡
1. ... ... 2. ... Sc3, Sd4
3. D:a7
1. ... L∽ 2. e5† L:e5 3. f:e5†
1. ... Tf7 2. f:e5† K:e5 3. Dg5†
Drohung 2. f:e5† K:e5 3. Df4‡

Das Thema, das dem Verfasser vorschwebte, drückt sich in den beiden ersten Lösungszeilen aus: kritische Hinüberlenkung des schwarzen Turmes über den Schnittpunkt c7 und des schwarzen Läufers über den Schnittpunkt c3, um die auf 3. Sb6 fälligen Verteidigungszüge Sb5—c7 und Sb5—c3 zu schädlichen Sperrzügen zu machen. Aber nur in der zweiten Hälfte, die schon von Cywinski vorgezeichnet ist, nämlich beim Criticus Le5:a1 und beim Sperrzug Sb5—c3, ist die Darstellung des Themas geglückt. Mit der Turmlenkung 1. La7 T:a7 hat es, allem Augenschein zum Trotz, eine andere, durchaus unthematische Bewandtnis. Um diese Lenkung auf Herz und Nieren zu prüfen, müssen wir sie versuchsweise aus dem Lösungsgefüge herauslassen und uns die Frage vorlegen, welche Folgen die Unterlassung nach sich zieht. Unser Probespiel beginnt also mit 1. Da1. Wenn alles mit rechten Dingen zuginge, müßte 1. Da1 an 1. ... L:a1 2. Sb6 Sc7 seine Widerlegung finden. Das ist aber nicht der Fall, denn dem Weißen steht die Fortsetzung 3. L:c7 nebst Matt im nächsten Zuge zu Gebote. In Wirklichkeit scheitert 1. Da1 an 1. ... Sc3, und nun offenbart sich auch die wahre Natur des Lenkungsmanövers: der schwarze Turm wird nach a7 gezwungen, um ihn in der Spielwendung 1. La7 T:a7 2. Da1 Sc3 mittels 3. Da1:a7 wegschlagen zu können.

Immerhin — das ist nicht wegzuleugnen — hat der Turmzug Tg7:a7 für die 1. Lösungszeile (1. La7 T:a7 2. Da1 L:a1 3. Sb6 Sc7

[1]) Cywinskis Fassung (Illustr. Familien-Journal 1858, Probl. Nr. 76) lautet: Kh5 Dh1 Tf2 Lh3 Sc7 c8 Bd3 d6 e4 f4 h6, Kf6 Dh8 Ta7 a8 Le5 Sc3 Bf7 g3 h7; Matt in 4 Zügen durch 1. Sc7—b5 S:b5 2. Da1 L, T:a1 3. Sb6 usw. Zur Korrektur der vorhandenen Nebenlösungen 1. d4 und 1. Dg1 habe ich den Sc7 nach a3 versetzt, ferner schw. Bb5 und w. Bh2 hinzugefügt; der Anfangszug ist dann 1. Sa3:b5. Näheres darüber Münch. Akad. Festschr. 1911, S. 90.

4. Sd7‡) die Bedeutung eines kritischen Zuges. Haben wir es also bei dem Lenkungsmanöver 1. La7 T:a7 mit einem Doppelzweck zu tun? Nein, diese Bezeichnung kann ich hier nicht gelten lassen. Denn das einzige Motiv für das Manöver ist und bleibt die Hinlenkung des schwarzen Turmes auf das „Schlagfeld" a7. An der kritischen Überschreitung des Punktes c7 hat Weiß von Hause aus kein Interesse, da ja der Verteidigungszug Sc7, wie wir gesehen haben, durch L:c7 bequem zu erledigen ist. Nachdem aber einmal, um der besagten Hinlenkung willen, das Manöver 1. La7 T:a7 geschehen ist, da wird bei der weiteren Zugfolge 2. Da1 L:a1 2. Sb6 der Springerzug 3. ... Sc7 plötzlich zu einer beachtenswerten Verteidigung, weil Weiß jetzt keinen Läufer mehr besitzt und auch schon zuviel Zeit verloren hat, um mittels L:c7 entscheiden zu können. Jedoch glücklicherweise ist jetzt der Springerzug durch die Turmstellung auf a7 seiner Kraft beraubt! Wir erblicken darin eine ausgleichende Vergütung, die dem Weißen für das Läuferopfer und den damit verbundenen Zeitverlust zuteil geworden ist. Die kritische Wirkung, die der schwarze Turm auf a7 ausübt, möchte ich demnach als Kompensationswert definieren. Es ist ein ähnlicher Fall wie im Diagramm 44, wo der Damenverlust durch die schwarze Feldverstellung auf a7 aufgewogen wird.

Da ein hinzutretender Kompensationswert nach unserer Theorie keine Zwecktrübung verursacht, so haben wir das Einleitungsmanöver 1. La7 T:a7 als zweckrein anzusprechen, aber natürlich nicht im Sinne eines kritischen Manövers, sondern im Sinne einer gemeinen Hinlenkung. Als Schnittpunktproblem ist die Aufgabe mit ihrem „Pseudo-Criticus" allerdings gründlich verpfuscht. An sich jedoch ist der hier dominierende Hinlenkungszweck nicht ohne Witz; es ist ganz drollig zu sehen, wie die angegriffene Dame plötzlich den Spieß umkehrt.

Die Lehre von den Kompensationen ist von ziemlich weitgehender Bedeutung für die Theorie der indirekten Manöver. Ich gebe nun noch ein Beispiel von mittlerer Schwierigkeit, um auch diejenigen Leser zufrieden zu stellen, denen der Fall 47 zu kompliziert, der Fall 44 aber zu wenig beweiskräftig erscheinen mag.

In der Schnittpunktaufgabe 48 scheitert sofortiges Se6 an 1. .... Ld8 (nicht etwa an 1. ... Tb7, worauf ja 2. Tc8† Tb8 3.‡ folgen würde). Erst nach dem kritischen Manöver 1. Le8 T:e8 führt 2. Se6 zum Ziele, denn jetzt wirkt 2. ... Ld8 als schädlicher Sperrzug. Nun könnte man nach den Zügen 1. Le8 T:e8 2. Se6 die Betrachtung anstellen: wenn in diesem Augenblick der Turm noch auf b8 stünde, dann würde neben Lh4—d8 auch der Zug Tb8—b7, mit der Folge 3. Tc8† Tb8, das dreizügige Matt vereiteln. Und daraus wäre der Schluß zu ziehen, daß das Manöver 1. Le8 T:e8 nicht nur eine „schnitt-

Nr. 48.
W. v. Holzhausen
D. Schachztg. VII. 1928 (16452)

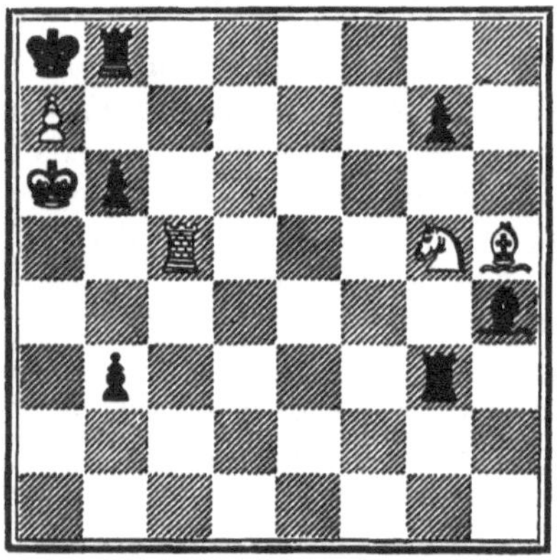

Matt in 3 Zügen

1. Le8 T:e8 2. Se6 Ld8 (T:e6, Te7) 3. Tc8‡

Nr. 49.
W. v. Holzhausen
Festschr. d. Dtsch. Schachb. 1927

Matt in 4 Zügen

1. Te3 T:e3† 2. Kf8 Tf3 3. D:f3 Kh7 4. Dh5‡
1. ... ... 2. ... Te8† 3. D:e8 Kh7 4. Dh5‡
1. ... Sd6† 2. Kf8 S:f7 3. T:h3†
1. ... a1D 2. Kf8 usw. (Drohspiel)
Es scheitert 1. Kf8 an 1. ... Tf1 2. D:f1 Kh7 3. Df6 a1D bzw. 2. Tf2 T:f2 3. D:f2 Kh7 — 1. Te4 an 1. ... T:e4† 2. Kf8 Tf4 — 1. Te5 an 1. .... T:e5† 2. Kf8 Tg5 — 1. Te6 an 1. ... d:e6 od. an 1. ... Sd6† 2. Kf8 S:f7 — 1. T:e1 an 1. ... Sd6†

punktliche" Lenkung bezweckt, sondern auch eine Ablenkung des schwarzen Turmes von dem Felde b7. Solch ein gekünsteltes Räsonnement ist jedoch ganz unangebracht. Wir haben einfach das Probespiel 1. Se6 Ld8! mit der Lösung 1. Le8 T:e8 2. Se6 Ld8 zu vergleichen, und damit basta! Was die Verteidigung Tb8—b7 anlangt, so ist dieselbe bei 1. Se6 unwirksam. Im 2. Zuge, nachdem Weiß dem kritischen Manöver zuliebe ein Tempo verloren hat, wäre sie allerdings wirksam; aber glücklicherweise ist sie durch eben dieses kritische Manöver unmöglich geworden. Die Ablenkung des Turmes von dem Felde b7 stellt sich somit als Kompensationswert dar. — Wollte man in Nr. 48 den Bb6 nach d6 versetzen (dabei könnte Tg3 auf d3 postiert und Bg7 gestrichen werden), so käme die Variante 1. Le8 Tb6† 2. K:b6 ~ 3. Lc6‡ hinzu, aber nunmehr ergäbe sich ein wirklicher Doppelzweck. Das Probespiel 1. Se6 würde dann nicht nur an 1. ... Ld8, sondern auch an 1. ... Tb6† 2. K:b6 Ld8† scheitern; durch das Lenkungsmanöver 1. Le8 T:e8 würden also zwei Störungen beseitigt.

Bisher hatten wir immer, wie es ja auch die Norm ist, die sofortige Ausführung des Hauptplans als Probespiel angenommen. Manchmal stellen sich aber noch andere Probespiele ein, wofür Nr. 49 als Beispiel diene. Die Aufgabe ist ein Schlagrömer: der schwarze Turm muß von der 1. auf die 3. Reihe gelenkt werden, damit er nach 2. Kf8 auf dem Felde f3 zu stehen kommt. Dort kann er von der Dame mit Erfolg geschlagen werden, denn von f3 aus bestreicht die Dame das einzig richtige Mattfeld h5. An Probespielen stehen dem Weißen außer sofortigem 1. Kf8 verschiedene Fehl-Lenkungen des schwarzen Turmes zu Gebote, wie aus den Lösungsnotizen ersichtlich. Vergleicht man die Fehl-Lenkungen mit der richtigen Lenkung, so kommt das Auswahl-Prinzip zur Geltung, das uns von den direkten Manövern her geläufig ist. Dagegen hält sich das Probespiel 1. Kf8 in dem normalen Rahmen der indirekten Manöver. Als Prüfstein für die Römische Natur des Problems würde dieses Probespiel vollkommen genügen. Jene Fehl-Lenkungen gehen über das Verlangte hinaus, sie sind ein „opus supererogatum."

Nr. 50 zeigt eine sehr merkwürdige Erweiterung des Römischen Gedankens. Stünden die Türme f5 u. b5 von Hause aus auf f1 u. b1, dann hätten wir das Probespiel 1. Tf1—f7 Tb1—b7 und dazu die dreizügige Lösung 1. La5—e1 Tb1:e1 2. Tf1—f7 Te1—e7 3. Tf7—f6‡, die einen regelrechten Linienverstellungs- oder Sperr-Römer darstellt. In der vierzügigen Originalfassung bleibt das Probespiel 1. Tf7 Tb7 bestehen, es treten aber noch die Fehl-Lenkungen 1. Tf3 Tb3 2. Lc3 T:c3 3. Tf7 Tc7 und 1. Tf2 Tb2 2. Ld2 T:d2 3. Tf7 Td7 hinzu, die einen

Nr. 50.
Dr. H. Rübesamen († 1916)
Münchener Neueste Nachr. 1909

Matt in 4 Zügen

1. Tf1 Tb1 2. Le1 T:e1 3. Tf7 Te7 4. Tf6‡

Nr. 51.
P. A. Orlimont
Armee-Schachzeitung III. 1906 (277)

Matt in 3 Zügen

1. Tf1 T:f1 2. D:c3 b5 3. Lf3‡
1. ... ... 2. ... Ta1 3. D:a1‡

wirkungsvollen Hintergrund für die richtige Lenkung 1. Tf1 Tb1 2. Le1 T:e1 3. Tf7 Te7 abgeben.[1])

In Nr. 51, einem Glanzstück des gefeierten süddeutschen Problemmeisters, scheitert die sofortige Ausführung des Hauptplans D:c3 an 1. ... b5 2. Lf3† Tf6. Um das Abzugsschach Lc6—f3† zu einem Abzugsmatt zu machen, muß der Tf7 über den schwarz-weißen Schnittpunkt f3 hinübergezwungen werden.[2]) Zu diesem Zwecke hat man die beiden Spielweisen 1. Tf2 T:f2 und 1. Tf1 T:f1 an der Hand. Die erste erweist sich wegen 2. D:c3 Ta2! als verfehlt, die zweite ergibt bei der analogen Fortsetzung 2. D:c3 Ta1 3. D:a1‡ eine Römische Lenkung. Nr. 51 ist also absolut genommen ein schwarz-weißes Schnittpunktproblem, relativ genommen ein Schlagrömer. Beide Eigenschaften der Aufgabe sind durch Probespiele erhärtet: die Schnittpunkt-Natur durch das Probespiel 1. D:c3 und die Römische Natur durch das Probespiel 1. Tf2 T:f2 2. D:c3. — Fügen wir versuchsweise einen weißen Bauern auf c2 hinzu, so fällt die Auswahl zwischen 1. Tf2 und 1. Tf1 fort und damit bricht die ganze Römische Glorie zusammen. Es bleibt dann nur das Schnittpunktmotiv übrig, mit der überraschend auftretenden Scheinverteidigung 2. ... Tf1—a1.

Nr. 52.
P. A. Orlimont
D. Schachztg. XI. 1889 (6885)

Matt in 3 Zügen
1. Lh8 L:h8 2. c3 nebst 3. Sc2‡[3])

Die Fehl-Lenkungen, die bei Nr. 49—51 eine ausschmückende Zugabe waren, können unter Umständen zu einem unerläßlichen Faktor werden. Zum Beweis dessen wähle ich abermals ein Stück von P. A. Orlimont. Es ist eine Jugendarbeit, die der Verfasser in seiner Problemsammlung (Münch. Akad. Festschrift 1911) nicht einmal eines Diagramms gewürdigt hat. Wenn man jedoch bedenkt,

[1]) Rübesamen hat das Thema mehrfach variiert und auch noch gesteigert. Man sehe Münch. Akad. Festschrift 1911, Seite XXIII (Widmungsaufgabe) und Seite 312, Probl. Nr. 11. Für unsere Zwecke ist jedoch die im Diagramm 50 wiedergegebene Fassung am besten geeignet.

[2]) Hierzu vgl. Dr. C. Schwede (Problemturnier des D. Schachbundes 1892): Kf6 Db5 Ta3 c4 Le4 f2 Sg2 g4 Bd6 f5, Kh3 Tb4 h1 Le6 Ba4 c5 d7 e3 f7; 3‡ 1. Db8 T:b8 2. Lf3 e:f2 3. Lb7‡.

[3]) Ähnliches bei W. A. Shinkman (British Chess Magazine, April 1900): Kf2 Lf7 Sh3, Kh1 Lc2 Bf3 f5 f6 h2 4‡ 1. Ld5 Le4 2. La8 L:a8 3. Kf2, 1. .... Ld1 2. Sf4 Le2 3. S:e2, und H. Rübesamen (Süddeutsche Schachblätter 1907): Kc2 Lc3 Sf1 Bd2, Ka1 Lb2 Ba2 a3 4‡ 1. Lh8 L:h8 2. d4 nebst 3. Sd2.

daß damals, im Jahre 1889, das Mattbilderproblem noch in voller Blüte stand, wird man das freundliche Lob verstehen, das Bayersdorfer dem jungen Studiosus für diese selbständige Regung spendete.

Bei Nr. 52 ist die sofortige Ausführung des Hauptplans infolge der Blockierung des c-Bauern unmöglich. Die Aufgabe bleibt daher einzig auf die Probespiele 1. Le5, Lf6, Lg7 L : L 2. c3 Lf4, Lg5, Lh6 angewiesen. Durch eine kleine Änderung der Aufstellung (Kc1 Le5 Se1 Bc2 c4, Ka1 Ld4 Ba2 c5) könnte man das Probespiel 1. c2—c3, mit der Widerlegung 1. .... Ld4—e3†, hinzugewinnen und absolute Zweckreinheit erreichen. Schöner würde die Aufgabe dadurch nicht, aber vielleicht um eine Nuance klarer. Sie wäre dann in logischer Hinsicht auf den gleichen Stand gebracht wie Nr. 49—51.

In den beiden folgenden Stücken 53 u. 54 spielt das Prinzip der relativen Zweckreinheit, d. h. das Auswahl-Prinzip, eine noch wichtigere Rolle. Bei Abfassung dieses Aufgabenpaares war ich im Kompositionseifer unversehens in eine altbekannte Stellung von Chocholouš[1]) hineingestolpert, was ich durch die Überschrift von Nr. 54 zum Ausdruck bringe.

Nr. 53.

W. v. Holzhausen

[V.] D. Wsch. 14. 3. 1909 (8633)

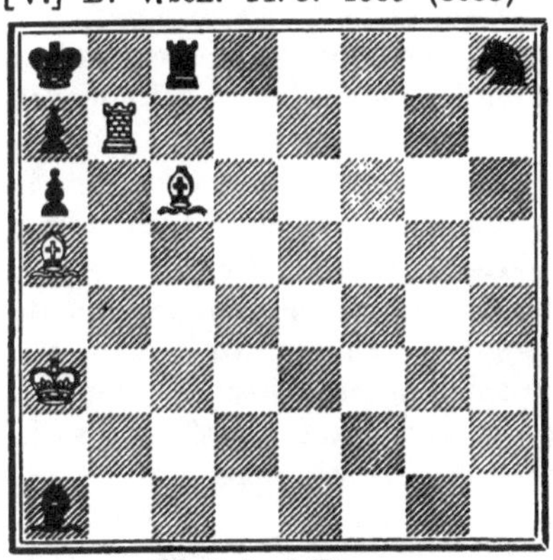

Matt in 3 Zügen

1. Lf3 Tc3† 2. L:c3
1. ... Tf8 2. Tf7†
1. ... Tc7 2. L:c7
1. ... Tc6 2. L:c6

Nr. 54.

W. v. Holzhausen
nach G. Chocholouš

D. Wsch. 14. 3. 1909 (8634)

Matt in 3 Zügen

1. Da8 Tb8 2. Df3
1. .... Tb7 2. Tb2 } vgl.
1. .....T:g2 2. De4 } Chocholouš

---

[1]) G. Chocholouš (Neues Illustr. Blatt 1889): Kc4 Da2 Tg2 Lh2, Kh1 Tg7 Bc5; 3‡ 1. Da8 Tb7 2. Tg7, 1. .... T:g2 2. Lg3.

In Nr. 53 muß der bedrohte Lc6 die Flucht ergreifen. Wohin er auch fliehen mag, immer zieht er den seitlichen Angriff des schwarzen Turmes auf sich: 1. Lh1 Tc1, 1. Lg2 Tc2, 1. Lf3 Tc3†, 1. Le4 Tc4, 1. Ld5 Tc5. Richtig ist nur 1. Lf3, weil dadurch der Verfolger in einen Hinterhalt (1. .... Tc3† 2. L:c3) gelockt wird.

Bei 54 hat Weiß die Auswahl zwischen 1. Dd5 und 1. Da8. Ersteres scheitert an 1. .... Tb5 2. Df3 T:f5, während in der analogen Spielweise 1. Da8 Tb8 2. Df3 Tf8(?) der schwarze Turm hinter dem Bf5 zu stehen kommt und keine Verteidigungskraft entfaltet. Ich brauche wohl kaum zu bemerken, daß in dem Manöver 1. Da8 Tb8 die Zurechtstellung der weißen Dame überwiegt. Jedenfalls wäre es ein Nonsens, wenn man behaupten wollte, 1. Da8 sei deswegen geschehen, um 1. ... Tb8 zu erzwingen. Mit dem Maßstab der absoluten Zweckreinheit darf dieses Manöver also nicht gemessen werden. Das Logische besteht hier lediglich in dem Vergleich zwischen 1. Dd5 und 1. Da8, bzw. zwischen Tb2—b5—f5 und Tb2—b8—f8. Die Sache liegt ganz ähnlich wie bei Nr. 15; es sind Grenz- oder Mischfälle, die man nach Belieben bei den direkten oder bei den indirekten Manövern unterbringen kann.

Auf jedem Blatt dieser Abhandlung findet man es bezeugt: die Zweckreinheit ist die große Gewissensfrage, und das Probespiel das verkörperte Gewissen der neudeutschen Problemkunst. Es ist ein gerechter und unbestechlicher, aber kein engherziger Richter, wie ja schon der anpassungsfähige Lehrbegriff der relativen Zweckreinheit beweist. Weitere Beweise von Liberalität sollen im nachfolgenden erbracht werden.

Die schwarze Grimshawsche Schnittpunktkombination ist in ihrer knappsten Form bekanntlich dreizügig; sie besteht aus zwei Lenkungsmanövern (Erzwingung des kritischen und des Sperrzuges) und aus dem Mattzuge. Buchstäblich genommen, müßten beide Lenkungsmanöver zweckrein dargestellt werden. Indem wir jedoch das zweite Lenkungsmanöver in den Hauptplan einbeziehen, können wir hier auf die Forderung der Zweckreinheit verzichten. In Nr. 55 z. B. bezweckt das Manöver 2. Sg6—f4 Lc4—e6 eine Ab- und Hinlenkung des schwarzen Läufers, wodurch der waffenstarrende Punkt e2 mit einem Schlage schutzlos wird. Zugleich enthält es eine Heranholung des weißen Springers zum Einbruch in das genannte Mattfeld. Trotzdem ist Nr. 55 ein einwandfreies Schnittpunktproblem. Durch die zweckreine Erzwingung des kritischen Zuges ist den logischen Ansprüchen Genüge getan.

Ähnlich verhält es sich mit Nr. 56, einem einfachen und schönen Beispiel des Schlagrömers. Hier haben wir zwei aufeinander folgende Lenkungen des schwarzen Turmes, von a5 nach c5 und von c5 nach

Nr. 55.
W. v. Holzhausen
Münchener Zeitung 11. 8. 1928 (1783)

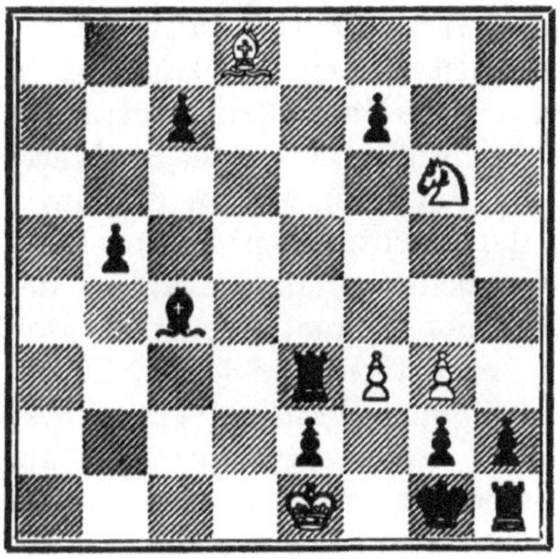

Matt in 3 Zügen

1. Le7 droh. 2. Lc5(†)
1. ... T:e7 2. Sf4 Le6 3. S:e2‡
1. ... f5 2. Sf4 nebst 3. Sh3‡
1. ... Te5 2. S:e5 nebst 3. Lc5‡
Es scheitert sofortiges Sf4 an 1. ... Le6, 1. L:c7 an 1. ... Te6 2. Sf4 Tb6

Nr. 56.
G. Dehler († 1915)
Deutsches Heim 1906

Matt in 3 Zügen

1. Tc5 T:c5 2. Se3 Tc2 3. S:c2‡
Sofortiges Se3 scheitert an 1. ... Ta2. Weitere Probespiele sind 1. Tb5 T:b5 2. Se3 Tb2 und 1. Td5 T:d5 2. Se3 Td2

c2. Die erste Lenkung ist zweckrein, die zweite ist mit einer Heranholung des mattsetzenden weißen Springers verbunden. Doch gehört die zweite Lenkung schon zum Hauptplan und unterliegt daher nicht dem Gebote der Zweckreinheit.

Bei dieser Gelegenheit sei ein prinzipieller Unterschied zwischen den beiden letzten Stücken hervorgehoben. Bei Nr. 55 stimmt das Probespiel 1. Sf4 Le6! mit dem Hauptplan 2. Sf4 Le6 wörtlich überein; bei Nr. 56 ist das Probespiel 1. Se3 Ta2! mit dem Hauptplan 2. Se3 Tc2 nicht identisch, sondern nur analog. Dr. Palitzsch hat diesen für die Systematik der indirekten Manöver wichtigen Unterschied zuerst entdeckt und in seiner Broschüre *Die Ablenkung* auf Seite 55ff. eingehend erörtert. Das Identitäts- und Analogieprinzip als solches ist ja dem Leser bereits geläufig; im Anschluß an das Tempoproblem Nr. 28 war davon die Rede gewesen.

Wenn in Nr. 55 u. 56 das zweck-unreine Lenkungsmanöver in den Schutz des Hauptplans flüchtete, so können in anderen Fällen zwei Lenkungsmanöver, von denen das eine unrein ist, zu einem zweckreinen Vorplankomplex zusammengefaßt werden. So haben wir in Nr. 57 die beiden Lenkungen 1. Lc7 S:c7 und 2. Tb8

T:b8. Erstere enthält zugleich eine Linienräumung für den nachfolgenden Turmzug, was problemtechnisch begründet ist durch die Notwendigkeit, die Reihenfolge der zwei ersten Züge festzulegen. Schließen wir nun die Doppellenkung gleichsam durch eine algebraische Klammer zu einer Einheit zusammen, so ist mit einem Male alles in bester Ordnung. Als Ganzes genommen, ist die Kombination unstreitig zweckrein, denn sie hat nur die beabsichtigte schwarze Stellungsänderung herbeigeführt und keinerlei Spuren einer weißen Stellungsverbesserung hinterlassen. — Die hier dargestellte Kombination führt bei den zünftigen neudeutschen Komponisten den Namen des „schwarzen Herlin". Für den in diesen Problemjargon uneingeweihten Leser sei sie folgendermaßen erläutert. Sofortiges Lg8 (droh. Dh7‡) würde durch Te7 widerlegt werden. Um dem schwarzen Turm diese Deckungsmöglichkeit zu nehmen, wird ein schwarzer Sperrstein auf die 7. Reihe gelenkt und der Turm selber derart zurückgeholt, daß er beim Betreten der 7. Reihe hinter den Sperrstein kommt.

Nr. 57.
W. v. Holzhausen
D. Wsch. 23. 11. 1913 (11777) zum 70. Geburtstag von C. Kockelkorn

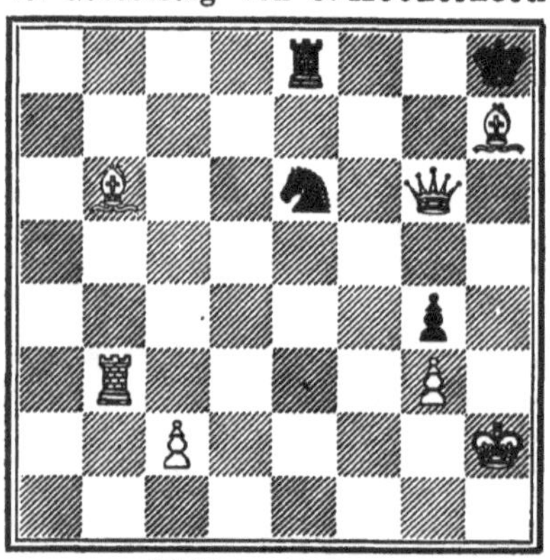

Matt in 4 Zügen

1. Lc7 S:c7 2. Tb8 T:b8 3. Lg8 T:g8 4. Dh6‡
(1. .... Sg7 2. Tb8 T:b8 3. L:b8 S∼ 4. Dg8‡)

Nr. 58.
Dr. E. Zepler
Dresdner Anzeiger 23. 10. 1927 (945) 1. Preis im Thematurnier

Matt in 5 Zügen

1. Sc6 Dh2 2. c4 L:c4 3. Sd4 De2 4. Se6 nebst 5. Sc5, Sc7‡

In dem preisgekrönten Zeplerschen Stück ist sofortiges Se6 (droh. Sc5, Sc7‡) mit der Dame leicht zu parieren. Wenn es indessen gelänge, den Lf1 nach c4 hinüberzuschaffen, dann wäre der Angriff Se6 von durchschlagender Kraft. Dieses Kunststück läßt sich in der

Tat durch 1. Sc6 Dh2 2. c4 L:c4 3. Sd4 De2 bewerkstelligen. Hierbei ist die Zweckreinheit im einzelnen nicht gewahrt. Nachdem die Lenkung 1. Sc6 Dh2 zustandegekommen ist, sollte der Springer von seinem Standfeld c6 eigentlich keinen weiteren Nutzen ziehen; dies ist aber trotzdem der Fall in der kleinen Variante 1. Sc6 Dh2 2. c4 b:c3 3. Sb4‡. Noch deutlicher zeigt sich der weiße Positionsgewinn bei dem Lenkungsmanöver 3. Sd4 De2; hier dient das Feld d4 dem Springer als Etappe, um nach e6 weiterzukommen. Summarisch betrachtet, ist jedoch der dreizügige Vorplan-Komplex 1. Sc6 Dh2 2. c4 L:c4 3. Sd4 De2 tadellos zweckrein. Die wesentliche Stellungsänderung hat bei der schwarzen Partei stattgefunden, während Weiß unter Einbuße des c-Bauern in die Anfangsstellung zurückgekehrt ist. — Das „Dresdnerische" liegt in dem nebensächlichen Umstand, daß (1. c4?) 1. ... De2:c4 durch das analoge, aber weit harmlosere (1. Sc6 Dh2 2. c4) 2. ... Lf1:c4 ersetzt wird. Ich nenne diesen Umstand nebensächlich, weil wir das eigentliche Probespiel nicht in 1. c4, sondern in 1. Se6 zu erblicken haben.

Die Aufgaben 57 und 58 lieferten uns Beispiele von Vorplan-Komplexen, die sich zu einer Gedankeneinheit zusammenfassen lassen und wohl auch meist durch ein einheitliches Schlagwort ausgedrückt werden können. Bei 57 lautete das Schlagwort „schwarzer Herlin", bei 58 „Platzwechsel des schwarzen Läufers im Verhältnis zur schwarzen Dame". Wir kommen nunmehr zu Problemen mit gehäuften Vorplänen, auch kurzweg in prägnantem Sinne „Vorplan-Probleme" genannt. Hierüber hatte ich mich schon in meiner Cywinski-Abhandlung in der Münch. Akad. Festschrift v. 1911 ausgelassen, und inzwischen hat Dr. F. Palitzsch in seiner Broschüre *Die Ablenkung* auf S. 14ff. den Gegenstand gründlich erörtert. Wenn ich dennoch darauf zurückkomme, so geschieht dies, dem Zwecke des vorliegenden Aufsatzes entsprechend, unter teilweise anderen Gesichtspunkten als in der Palitzschschen Broschüre.

Unter den Vorplan-Problemen (wir wollen der Einfachheit halber zunächst nur zwei Vorpläne annehmen) lassen sich dreierlei verschiedene Grundtypen feststellen. Beim Typus I stehen der sofortigen Ausführung des Hauptplans zwei Hindernisse entgegen, die nacheinander aus dem Wege geschafft werden müssen. In diesem Fall sind also die beiden Vorpläne koordiniert, und ihre Reihenfolge ist nur durch äußere problemtechnische Rücksichten bedingt. Beim Typus II eröffnet der erste Vorplan, indem er das ursprüngliche Hindernis beseitigt, dem Schwarzen eine neue, bisher nicht vorhandene Verteidigung, die dann durch den folgenden Vorplan hinweggeräumt wird. Beim Typus III, dem am höchsten organisierten, wird der eine Vorplan erst nach Ausführung eines vorhergehenden wirksam; die

Vorpläne sind also hier logisch gestaffelt, insofern der eine zur Vorbereitung oder Sicherstellung des anderen dient.

Für den Typus I lege ich den Orlimontschen Vierzüger 59 als Beispiel vor. Hier stößt sofortiges Da8 auf die doppelte Widerlegung 1. ... Lc8 und 1. ... g3. Darin hätten wir nur dann einen Makel zu erblicken, wenn die beiden Störungen durch einen und denselben Vorplan beseitigt würden. So aber teilen sich ja die beiden Vorpläne 1. Lb5 L:b5 und 2. Dh1† Th3 in das Vorbereitungswerk. Um ihre Zweckreinheit nachzuprüfen, lasse man sie abwechselnd aus der Lösung heraus — ein Verfahren, das wir schon bei Nr. 47 angewendet haben. Man erhält dann das eine Mal das Probespiel 1. Dh1† Th3 2. Da8, das nur an 2. ... Lc8 scheitert, das andere Mal das Probespiel 1. Lb5 L:b5 2. Da8, mit der einzigen Widerlegung 2. ... g3. Was die Reihenfolge der beiden Vorpläne anlangt, so hat der mit der stillen, weitläufigeren Drohung naturgemäß den Vortritt vor dem unbedingt zwingenden Schachgebot.

Nr. 59.

P. A. Orlimont

[V.] D. Schachblätter 15. 5. 1921 (2063)

Matt in 4 Zügen[1])

1. Lb5 L:b5 2. Dh1† Th3 3. Da8 g3 4. Df3‡

(1. ... Sd2 2. L:d7 Se4† 3. D:e4)

Nr. 60.

A. v. Cywinski

Illustr. Familien-Journal 1857 (45)

Matt in 5 Zügen

1. Tf8 Lc7! 2. Tf3 La5 3. Tf5 Lb6, Lb4 4. Tc5† L:c5 5. d5‡

Den Typus II illustriere ich durch zwei Probleme Cywinskis, des bedeutendsten Vorplan-Meisters der Frühzeit. — Nr. 60 hat zur Abwechslung einen dreizügigen Hauptplan, nämlich Tf5

---

[1]) Die dreizügige Fassung Kc6 Db2 Lb5, Ka5 Te3 Bb4 c5 d6 e7 (1. Da1† Ta3 2. Dh8) war schon am 21. 6. 1914 unter Probl. Nr. 12080 im Deutschen Wochenschach erschienen.

mit der Folge Tf5—c5† L:c5 d4—d5‡. Sofortiges Tf5, wie auch 1. Tf1 oder Tf3, würde offensichtlich durch 1. ... L:d4 widerlegt werden. Daher muß man den Läufer mittels 1. Tf8 Lc7 von dem Angriffsobjekt d4 ablenken. Nun geht aber Tf5 wieder nicht an, weil dem Läufer die neue Verteidigung Le5 zu Gebote steht. Erst nach abermaliger Ablenkung (2. Tf3 La5) kann endlich der Hauptplan vonstatten gehen. — Aus der Kenntnis der Lösung heraus ist es freilich kein Kunststück, vorstehende Zergliederung der Aufgabe zu geben. Für den Löser aber, der vor einer verwirrenden Fülle von Angriffsmöglichkeiten steht, ist es nicht so leicht zu erkennen, in welchem Turmmanöver der Haupt- und Schlußangriff enthalten ist.

Nr. 61.

A. v. Cywinski

Illustr. Familien-Journal 1860 (173)

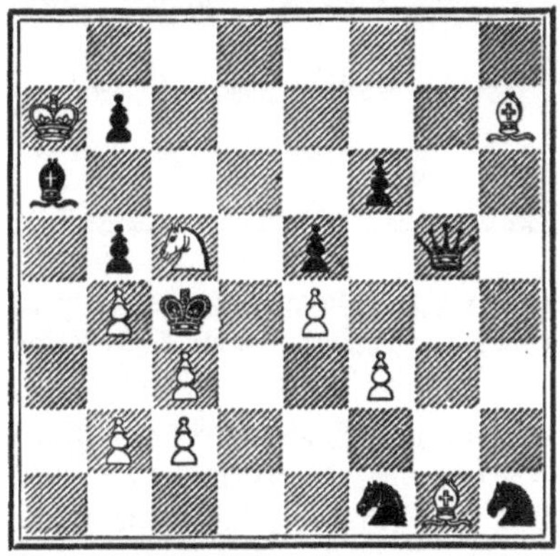

Matt in 4 Zügen

1. Lf2 S:f2 2. Lg6 D:g6
3. Sd7 droh. 4. Sb6‡
3. ... f5 4. S:e5‡
1. ... Se3 2. Le1 nebst 3. b3‡

Viel deutlicher hebt sich in Nr. 61 der Hauptplan (Sd7 nebst Sb6‡) von den Vorplänen ab. Seine sofortige Ausführung scheitert eklatant an 1. ... D:g1†; daher das Sperrmanöver 1. Lf2 S:f2. Hiernach ist 2. Sd7 noch immer nicht spielbar, denn anstelle des früheren Damenschachs auf g1 ist jetzt das Schach auf e3 zu einer wirksamen Verteidigung geworden. Es bedarf also noch einer Ablenkung der schwarzen Dame von dem Punkte e3. Die nach 2. Lg6 D:g6 3. Sd7 auftretende Scheinverteidigung 3. ... f5, mit dem Springermatt auf e5, ist eine gefällige Ausschmückung des an sich etwas nüchternen Schlußspiels.

Mit Nr. 62 — dies war das letzte Stück, das ich vor Kriegsausbruch komponierte — gehen wir zum Typus III der Vorplan-Probleme über. Der Hauptplan besteht hier in der schwarz-weißen Schnittpunktnutzung e3—e4 mit der Drohung Dc6‡. Sofortiges e3—e4 ist wegen 1. ... Dh3† natürlich nicht angängig, zuvor ist die Damenlinie c3—h3 zu sperren. Nach 1. Tf3 L:f3 2. e4 ginge in der Tat alles nach Wunsch; allein Schwarz antwortet auf 1. Tf3 nicht mit 1. ... L:f3, sondern mit 1. ... Dc2† 2. e4 Dh2†. Um dieser Störung vorzubeugen, muß Weiß dafür sorgen, daß bei Ausführung des Zuges Tf5—f3 die Linie c2—h2 gesperrt ist. Daraus ergibt sich die Notwendigkeit, die Lösung mit 1. Tg2 L:g2 einzuleiten. — Auf d4 habe ich mit Absicht einen

Nr. 62.

W. v. Holzhausen

D. Wsch. 8. 11. 1914 (12228)

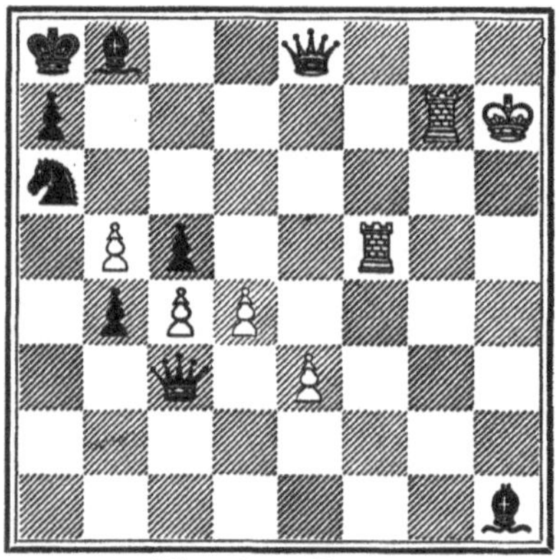

Matt in 4 Zügen

1. Tg2 L:g2 2. Tf3 L:f3 3. e4
1. ... ... 2. ... Dc2†,Dd3† 3. e4

Nr. 63.

E. Brunner

Dresdner Anzeiger 18. 9. 1927 (817 V.)
2. Preis im Thematurnier

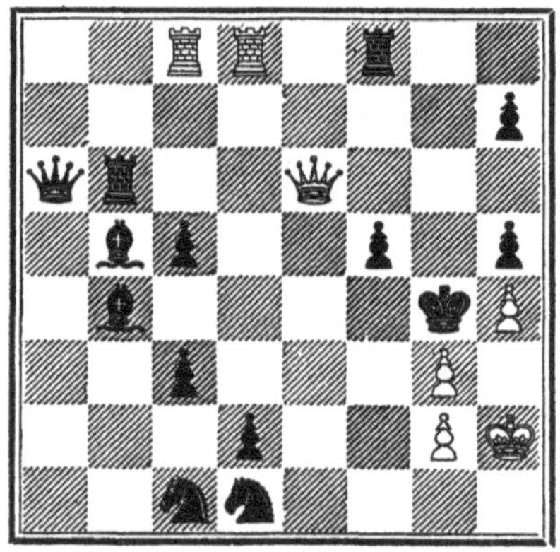

Matt in 5 Zügen

1. Tc6 T:c6 2. Td4† c:d4 3. Dd5 Le2
4. De5 droh. 5. Df4‡
4. ... Ld6 5. Dg7‡

Die Drohung des 1. Zuges ist 2. Dg8† T:g8 3. T:g8‡ und 2. De5 Se2 3. Dg7‡

weißen (keinen schwarzen) Bauern postiert, um die Verführung 1. d5 Df6! 2. T:f6 Le4† hervorzurufen.

Das große Brunnersche Preisproblem 63 zeigt ein Ensemble von gestaffelten und koordinierten Vorplänen. Da der Schlußangriff De5 (droh. Df4‡) wegen 1. ... Se2 nicht sofort zur Ausführung kommen kann, möchte man mittels 1. Dd5 (droh. Df3‡) Le2 dem schwarzen Springer das Feld e2 verschließen und sodann mit 2. De5 fortfahren. Der Versuch 1. Dd5 scheitert jedoch auf doppelte Art, nämlich an 1. ... Db7 und 1. ... Le2 2. De5 Dc4. Hiergegen muß sich der Weiße im voraus sicher stellen, indem er durch 1. Tc6 T:c6 die Störung Db7 und durch 2. Td4† c:d4 die Störung Dc4 beseitigt. Insofern diese beiden Vorpläne zur Vorbereitung von Dd5 dienen, liegt eine Staffelung nach Typus III vor; untereinander aber sind sie nach Typus I koordiniert. — Um den „Dresdner" Charakter des Problems nachzuweisen, machen wir uns unter Weglassung des 2. Vorplans das Probespiel 1. Tc6 T:c6 2. Dd5 Le2 3. De5 Dc4 zurecht. Wird in diesem Probespiel der Zug 3. De5 erfolgreich mit 3. ... Dc4 beantwortet, so findet sich statt dessen in der wirklichen Lösung auf 4. De5 die neue, aber erfolglose Antwort 4. ... Ld6.

Przepiorkas 7‡ Nr. 64 hat eine noch großartigere Vorplan-Staffelung aufzuweisen. Die Aufgabe dürfte in ihrer Art nicht so leicht zu überbieten sein, und darum habe ich sie auch zum Schlußstück der ganzen Abhandlung ausersehen. Den Hauptplan bildet die schlichte zweizügige Mattführung b5—b6—b7‡. Sofortiges b6 verbietet sich offensichtlich wegen 1. .... Df1†; das wäre ja geradezu auf Selbstmatt gespielt! Folglich muß die Linie f1—a6 gesperrt werden. Nun macht uns aber nach 1. De2 f:e2 2. b6 die neueröffnete Verteidigung 2. ... Tb3 einen Strich durch die Rechnung. Es gilt daher zuvörderst den schwarzen Turm von der 3. Reihe abzulenken.[1] Zu diesem Zwecke könnte man die Auflockerung c6—c5 erzwingen und dann den ungeschützten Punkt d5 angreifen, worauf Th3—h5 geschehen muß. Nach 1. Dc3 c5 2. Dd2 Th5 3. De2 f:e2 4. b6 hat jedoch Schwarz die Verteidigung 4. ... d4 mit Freilegung der Damenlinie h1–b7 — eine Verteidigung, die offenbar erst durch c6—c5 ermöglicht wurde. Um auch dieser Störung Herr zu werden, muß man den Bd5 am Aufziehen hindern, was sich durch eine zweizügige Hinlenkung des schwarzen Läufers auf das Feld d4 bewirken läßt. Das Lenkungsmanöver De3 Le5, Dd2 Ld4 tritt jedoch nicht an die Spitze der Lösung, sondern muß hinter 1. Dc3 c5 eingeschaltet werden. Denn erst nach 1. Dc3 ist das Feld e3 für die weiße Dame erreichbar (worin wir die einzige Unebenheit in dem logischen Gefüge dieser Aufgabe erblicken), und erst durch 1. ... c5 wird Dd2 zu einem wirksamen Angriffszug.

Nr. 64.
D. Przepiorka
Schweizerische Schachztg., Febr. 1915

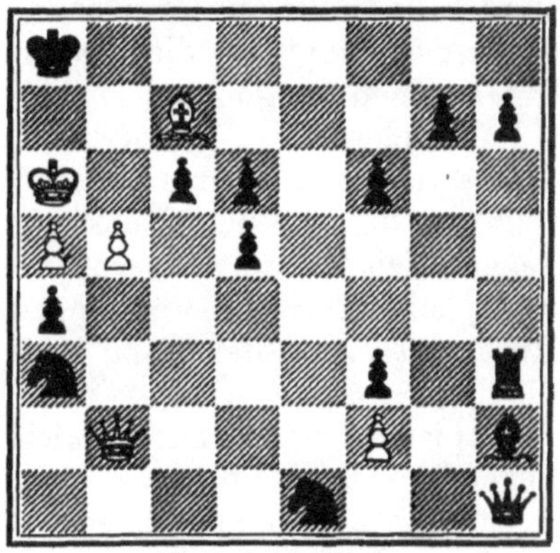

Matt in 7 Zügen

1. Dc3 c5 2. De3 Le5 3. Dd2 Ld4 4. Da2 Th5 5. De2 f:e2 6. b6 nebst 7. b7‡

Die Zugfolge der Lösung ist also diese: I) Auflockerung 1. Dc3 c5, II) Läuferlenkung 2. De3 Le5 3. Dd2 Ld4, III) Turmablenkung 4. Da2 Th5, wobei zu bemerken ist, daß das Manöver ursprünglich, d. h. im Probespiel, Dd2 Th5 lautete, IV) Liniensperrung 5. De2 f:e2 und endlich V) Hauptplan oder Schlußangriff 6. b6 7. b7‡.

Wohl nirgends im Schach kommt das logische Prinzip stärker zum Ausdruck als in diesen gestaffelten Vorplan-Problemen. Bei dem

[1] Wenn die Lösung mit De2 f:e2 anfinge und nachher durch irgendeine Gewalt Th3—h5 erzwungen würde, so hätten wir eine Aufgabe vom Typus II.

unbeweglichen Stande des schwarzen Königs läßt sich meist ohne Mühe erkennen, auf welche Weise ihm der Todesstoß zu versetzen ist. Die Kunst liegt in der folgerichtigen Überwindung der Hindernisse, die sich jener offenkundigen Mattführung entgegenstellen. Und zwar ist das echte Vorplan-Problem, wie wir aus Nr. 62—64 ersehen haben, derart gegliedert, daß immer die vorhergehende Operation die Vorbereitung für die nachfolgende und umgekehrt die nachfolgende Operation die Begründung der vorhergehenden abgibt. Da nun aber ein vernünftiger Löser nichts ohne Grund unternimmt, so wird er genötigt sein, die logische Kette von der Mattstellung nach dem Anfang zu, also gewissermaßen von innen nach außen, aufzurollen. Zum Schluß werden dann die aufgefundenen Elemente in umgekehrter Reihenfolge zusammengefügt, um die Lösung in rechtläufiger Form auf dem Brette durchspielen zu können.

Mancher Leser erinnert sich wohl noch aus seiner Schulzeit der geometrischen Konstruktionsaufgaben (z. B. Konstruktion eines Dreiecks aus 3 gegebenen Stücken). Die Lösung dieser Aufgaben zerfällt bekanntlich in zwei Stufen: in die „Analysis", die von der Annahme der glücklich vollendeten Lösung ausgeht und sich der Methode des Rückschlusses bedient, und in die eigentliche „Konstruktion", welche die Ergebnisse der Analysis in umgekehrter Folge mit Lineal und Zirkel zu Papier bringt. Genau im gleichen Sinne hat der Löser eines schachlichen Vorplan-Problems zu verfahren. Diese „Analysis" darf jedoch nicht mit dem landläufigen Begriff der Schachanalyse verwechselt werden. Darunter versteht man gerade im Gegenteil ein Verfahren, das die Stellung von außen nach innen zu enthüllen sucht, weshalb denn auch Kohtz die nach dieser Methode zu lösenden Variantenprobleme der älteren deutschen Schule geradezu als „analytische" bezeichnete.

Antikritische und Turton sche Manöver.

Antikritisches.

Der kritische oder Lovedaysche Zug des Weißen ist uns aus dem *Indischen Problem* von Kohtz u. Kockelkorn (1903) hinlänglich bekannt: er besteht im Rückzug einer langschrittigen Figur zwecks nachfolgender Verstellung ihrer Wirkungslinie. Das ganze Manöver enthält eine freiwillige Kraftentäußerung, läuft also dem normalen Kampfprinzip des Schachspiels zuwider. Bekanntlich läßt sich eine solche Kraftentäußerung nur aus dem Pattbegriff, d. h. aus dem Streben nach Pattverhütung erklären.

Dagegen ist der antikritische Zug etwas ganz Normales und Partiegemäßes. Lange bevor er unter diesem Namen bekannt war, hat er im praktischen Spiel wie auch gelegentlich im Problemwesen Verwendung gefunden. So z. B. ist der 2. Zug in der Eröffnung 1. e2—e4 2. Lf1—c4 3. d2—d3 oder 1. d2—d4 2. Lc1—f4 3. e2—e3 insofern ein antikritischer, als er den Läufer vor der Einsperrung ins Freie hinüberrettet.

Als knappste, zweizügige Darstellung des antikritischen Gedankens gebe ich das mit Absicht doppellösig gehaltene Schema 65. Offenbar ist hier das Turmschach auf c4 nicht ohne weiteres angängig, es würde ja die Läuferlinie verstellen und den König nach b3 entweichen lassen. Um dem vorzubeugen, macht Weiß entweder den antikritischen Läuferzug e6—a2, der den Schnittpunkt c4 überschreitet, oder den Turmzug c6—d6, der darauf Bedacht nimmt, beim späteren Betreten der 4. Reihe die Schußlinie des Läufers freizuhalten. Zur Würdigung des Turmzuges beachte man, daß Tc4—d4 eine unmittelbare Räumung der Läuferlinie bedeuten würde (Beispiel: Kb6 Tc4 Le6 Bb2 b4, Ka4 Be4 mit der Lösung 1. Td4 e3 2. b5‡); demnach läßt sich Tc6—d6 als ein von der 4. auf die 6. Reihe verlegter Räumungszug definieren. Wir sehen also hier den Anticriticus Le6—a2 und das Räumungsmanöver Tc6—d6 auf die gleiche Stufe gestellt: beide haben die Tendenz des Freimachens, des Entbindens der Kräfte, wie es der Lateiner so treffend mit *expedire* ausdrückt. Im Gegensatz dazu vertritt der kritische Zug, der sich ja auch stets mit einem Sperrzug zu paaren pflegt, den finsteren Gedanken des Hemmens, des Behinderns, des *impedire*.

Nr. 65.
Schema

Matt in 2 Zügen

A) 1. La2 2. Tc4‡
B) 1. Td6 2. Td4‡

Nr. 66.
Schema

Matt in 2 Zügen

A) 1. Le2 droh. 2. Lb5‡
B) 1. c7 droh. 2. Ld7‡

Im Diagramm 66 würde es sofort Matt, wenn nicht der weiße Bauer dastünde. Dieses Hindernis kann entweder antikritisch umgangen oder selber von der Stelle gerückt werden. Es ist hier umgekehrt wie im ersten Schema: diesmal spielt sich der Anticriticus (1. Lg4—e2) auf einer Parallellinie ab, dafür ist die Räumung (1. c6—c7) zu einer unmittelbaren geworden.

Das alles sind ja so selbstverständliche Dinge, daß mancher geringschätzig darüber lächeln mag. Es ist aber doch nicht ohne Nutzen, einmal zu den Elementen der Schachideen hinabzusteigen und sie in primitiven Stellungsbildern wiederzugeben. Hierbei leistet, wie man sieht, gerade das doppellösige Schema oft die besten Dienste.

Es ist kein Wunder, daß sich die Theorie zuerst des Lovedayschen Zuges bemächtigte. Das Ungewöhnliche hat ja immer eine größere Anziehungskraft als das Alltägliche, die Ausnahme pflegt eher bemerkt zu werden als die Regel. Dazu kommt noch, daß jener Zug in Verbindung mit dem nachfolgenden Sperrzug eine vollsaftige, mehrzügige Kombination abgibt, was beim antikritischen Zuge naturgemäß nicht der Fall ist. Nachdem so der Lovedaysche Zug erforscht war und den Beinamen des kritischen erhalten hatte, da war denn auch bald für den Anticriticus die Stunde gekommen. So ganz glatt ging übrigens seine Geburt nicht vonstatten. Der Begriff wurde anfangs zu eng gefaßt: nach Analogie des kritischen Zuges glaubte man auch das antikritische Gegenbild mit der Pattverhütung in Verbindung bringen zu müssen. Um ein Stück Entwicklungsgeschichte urkundlich festzuhalten, reproduziere ich aus dem Deutschen Wochenschach v. 27. 3. 1904 unter geringfügiger Textkürzung jenen Artikel von J. Kohtz, worin zum ersten Male öffentlich vom antikritischen Zuge die Rede ist. Die hier vorkommende Aufgabe Wardeners ist auch noch in anderer Beziehung bedeutungsvoll geworden; sie hat nämlich durch ihr Schlußspiel den Altmeistern Kohtz u. Kockelkorn den äußeren Anstoß zu dem berühmten Römischen Stammproblem gegeben. Beim Römer wiederholte sich dann genau der gleiche Vorgang wie beim Anticriticus, auch dort wurde anfänglich die Pattverhütung als wesentlicher Bestandteil der Problemidee angesehen.

Kohtz schreibt, wie folgt: „Wenn wir in dem Dreizüger 67 (er war mir schon vor 5 oder 6 Monaten durch eine Mitteilung des Barons Wardener bekannt geworden) den Turm von h6 nach a6 versetzen und auf a5 einen weißen Bauern hinzufügen, so ist er zu einem Schema derjenigen Kombination umgestaltet, die wir in unserem *Indischen Problem* das Opfer der Turmkraft genannt haben. Die Züge 1. Ta6—h6 f7—f6 2. e5:f6 Kc5—d6 3. De3—e7‡ bedeuten in diesem Schema genau dasselbe, was wir in den Problemen Nr. 135 und 136 unseres Buches zum Ausdruck gebracht haben. Der Zug 1. Ta6—h6,

Nr. 67.
F. Frhr. v. Wardener
D. Wsch. 27. 3. 1904

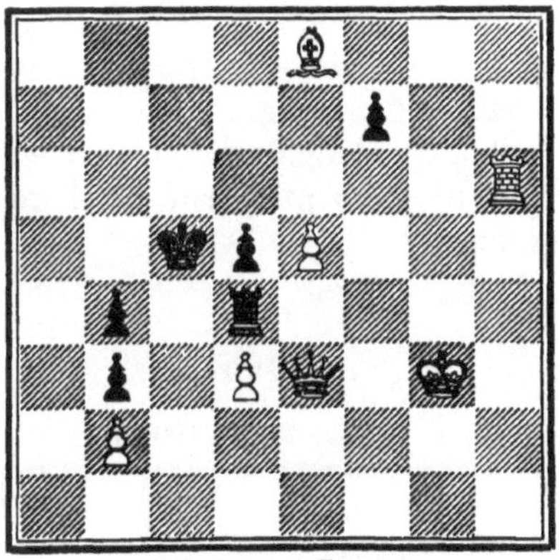

Matt in 3 Zügen

1. Td6 f5 2. e:f6 K:d6 3. De7‡

Nr. 68.
J. Kohtz u. C. Kockelkorn
D. Wsch. 27. 3. 1904

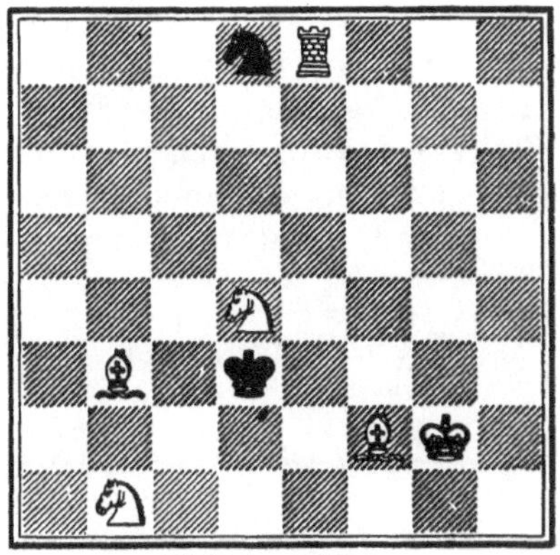

Matt in 3 Zügen

1. Tc2 Se6 2. S:e6 K:e2 3. Sf4‡

der den Durchschnittspunkt auf f6 überschreitet, ist der kritische Zug. Offenbar hat Baron Wardener sich die Frage vorgelegt, ob nicht in Problemen dieser Art der kritische Zug umgekehrt werden könne. Zunächst scheint es freilich, als ob ein solcher antikritischer Zug in demselben Grade roh sein müßte, wie der kritische Zug fein: noch roher als durch 1. Th6—a6 könnte das Wardenersche Problem schwerlich eingeleitet werden. Auf diese Weise wäre der antikritische Zug also nicht zu brauchen, es muß ihm noch eine Dosis von Feinheit zugeführt werden. Besteht nun beim kritischen Zuge die Feinheit in einem Opfer der Wirkungskraft, so muß sich beim antikritischen Zuge der kritische Stein ganz und gar opfern, dann wäre auch diesem Zuge einige Feinheit verliehen. . . . Wenngleich der antikritische Zug nicht entfernt die Vielseitigkeit besitzt wie sein Stammvater, der kritische Zug, so darf seine Verwendbarkeit doch nicht allzu gering geschätzt werden. Als ein kleiner Beweis diene das Problem 68. Diejenigen, die unser Buch sorgfältig studiert haben, werden vielleicht eine Verwandtschaft mit der dort illustrierten Abtausch-Idee herausfühlen, jedoch mit dem Unterschied, daß in diesem Problem der Abtausch ein indirekter ist, während er dort direkt, d. h. auf ein und demselben Felde stattfindet. Die Verwandtschaft wäre leicht zu erklären, denn beide Ideen stammen ja von dem Opfer der Wirkungskraft ab. Auch ließe sie von neuem erkennen (vgl. *Ind. Probl.*, S. 138ff.), wie innig die Ideen einander berühren, selbst wenn sie fern voneinander und zu ganz verschiedenen Zeiten geboren sind. Ich zweifle nicht daran, daß noch manches andere und viel interessantere Problem als das unsrige aus dem antikritischen Zuge hervorgehen wird, wenn die Komponisten ihn erst genau untersucht haben werden.“

Wer die Stücke 67 und 68 unbefangen betrachtet, wird gewiß das Turmopfer für die Hauptsache und die antikritische Zugrichtung für einen Nebenumstand erklären. So habe ich denn auch, als ich der Kohtz-Wardenerschen Anregung mit den Aufgaben 69 und 70 meinen Tribut darbrachte, den Anticriticus ganz aus dem Spiel gelassen und nur das Turmopfer übernommen.

Nr. 69.

W. v. Holzhausen
nach F. v. Wardener

D. Wsch. 19. 6. 1904 (5830)

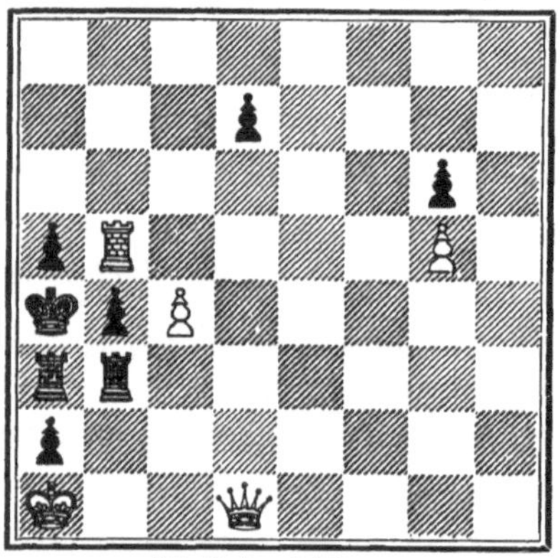

Matt in 4 Zügen

1. Dc2 d6 2. Te5 d5
3. c:d5 Kb5 4. Dc6‡
1. ... ... 2. ... d:e5
3. Dd1 e4 4. Dd7‡
1. ... d5 2. c:d5 K:b5 3. Dc6‡

Nr. 70.

W. v. Holzhausen

[V.] D. Wsch. 22. 5. 1904 (5797)

Matt in 4 Zügen

1. Te4 g5 2. Le2 g4† 3. K:g4 K:e4
4. Lf3‡

Bei Nr. 69 ist das Hineinziehungsopfer Wardeners in die kurze, dreizügige Variante 1. ... d7—d5 verlegt. Nach 1. ... d7—d6 hingegen fehlt dem Weißen der Wartezug, um an dem Opfer auf b5 festzuhalten. Man muß sich daher zu einem kleinen Planwechsel verstehen, indem man mit 2. Tb5—e5 (2. ... d6—d5 3. c4:d5) vom Turmopfer zum sogenannten Turmkraft-Opfer übergeht.

Viel stärker betont Nr. 70 den Gedanken des Hineinziehungsopfers. Hier werden dem Felde e4 die drei Deckungen nacheinander entzogen, und zwar gibt zuerst der Turm die Herrschaft über das Feld preis, indem er es zu seinem Standort erwählt.

In Nr. 71 ist der antikritische Zug vom Pattmotiv losgelöst. Die Aufgabe, die in Wardeners Schachrubrik der österreichischen Armeezeitung erschien, enthält also gewissermaßen einen Protest gegen die enge, mit komplizierten Bedingungen beschwerte Definition des antikritischen Zuges, wie sie aus Nr. 67 abgeleitet worden war. Auch in meinem Briefwechsel mit Kohtz und Baron Wardener trat ich für die Begriffserweiterung ein. In diesem verallgemeinerten Sinn hat sich der Anticriticus dann auch rasch bei den Problemfreunden eingebürgert, und heute würden wohl nur wenige von den Geburtswehen wissen, wenn ich nicht die Erinnerung daran durch die Reproduktion jenes Artikels aus dem Wochenschach wieder aufgefrischt hätte.

Nr. 71.
W. v. Holzhausen
Armeezeitung 12. 5. 1904 (44)

Matt in 4 Zügen

1. La1 Kc4 2. T:b5 Kb3 3. Tc5 Ka3 4. Tc3‡

Anstatt mit Nr. 71 ein neues Demonstrationsstück aufzustellen, konnte ich's bequemer haben. Schon aus meiner Anfängerzeit besaß ich nämlich ein Beispiel des antikritischen Zuges. Die Nebenlösigkeit

Nr. 72.
W. v. Holzhausen
Frankf. Schachztg. 10. 9. 1898 (1396)

Matt in 4 Zügen

1. Lc1 Kd3 2. Se3 Ke4 3. Sg4 Kd3 4. Sf2‡

Nebenlösung: 1. Se3 K:e5, Kd3 2. Sg4(†)

Nr. 73.
W. v. Holzhausen
Deutsche Schachzeitung V. 1902 (9980)

Matt in 4 Zügen

1. Lh7 Kf6 2. Sf5 Ke5 3. Se3 Kf6 4. Sg4‡

dieser Nr. 72 wurde ich erst gewahr, als die Aufgabe ohne mein Zutun in korrigierter Fassung (mit Ld2 statt Lh6) im Leipziger Tageblatt vom 15. 1. 1899 nachgedruckt wurde. Die Korrektur verstümmelt jedoch den Anfangszug, und darum unterzog ich die ganze Stellung einer Umarbeitung (Nr. 73). — Aus der gleichen Wurzel erwuchsen die Miniaturen Ke4 La4 Sc7 d5 Bd3, Kd6 (Akad. Schachbl. V. 1902, Probl. Nr. 19) und Kf2 Lf6 Sd2 f4 Be3 e5, Kf5 (Blumenthal II, 1903, Probl. Nr. 336). Erstere, mit der Lösung 1. Le8 2. Se6† 3. Sd8 4. Sb7‡, ersetzt den Anticriticus durch einen einfachen Wartezug,

Nr. 74.
W. v. Holzhausen
D. Wsch. 1. 10. 1905 (6519)

Matt in 3 Zügen

1. Te2 Sc6 2. Ke1 Kg1 3. Kd2‡

Nr. 75.
W. v. Holzhausen
D. Wsch. 28. 8. 1910 (9695)

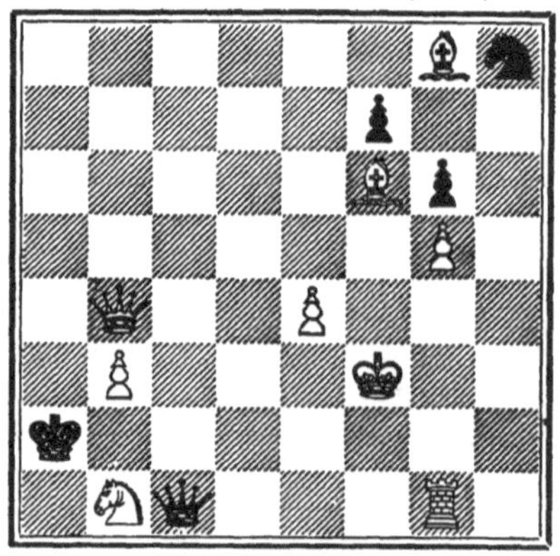

Matt in 3 Zügen

1. La1 f5 2. Da3† D:a3 3. Sc3‡
1. ... K:a1 2. T:c1
1. ... K:b1 2. Dd2

und in der zweiten, mit der Lösung 1. Sf3 2. Sg5(†) 3. Sf7(†) 4. Sd6, Sh6‡, ist die gesamte Handlung dem Springer übertragen.

Die Aufgaben 74 und 75, so grundverschieden nach Inhalt und Form, sind nur deshalb nebeneinander gestellt, weil sie beide mit dem antikritischen Anfangszug ein Opferangebot verbinden. Nr. 74 hat einige Ähnlichkeit mit einem Fünfzüger von S. Loyd, Chess Monthly IV. 1859: Kc1 Ta2 f1, Kh1 Lg1 Ba5 h2; 1. Taf2 2. Kd2 3. Ta1 4. Ke1. In Nr. 75 ist der Sh8 (nebst Bg5 und g6) notwendig, um die Nebenlösung 1. Ld4 f5 2. Dd2† D:d2 3. b4‡ zu verhindern. Diese Nebenlösung gab der Schachmeister J. Mieses im Handumdrehen an, als ich ihm im Juni 1910 die unfertige Fassung vorlegte.

Wie intensiv die Gebrüder Johner (damals noch in Frankfurt a. M. wohnhaft, wo ich mit ihnen manche schaffensfrohe Stunde genoß) den neuaufgetauchten antikritischen Gedanken erfaßten, davon legt der nachstehende Fünfzüger Zeugnis ab. Dort erscheinen zwei antikritische Züge hintereinander in logischer Folge: der Mattzug Sf3—g5 wird durch den Anticriticus Lh4—d8 vorbereitet, und Lh4—d8 bedarf selber wieder der Vorbereitung durch den Anticriticus Ta8—h8.

Ein Gegenstück dazu bildet der alte Dreizüger Nr. 77 von W. Meredith, wo die beiden antikritischen Züge auf zwei gleichartige Varianten verteilt sind, also gewissermaßen nebeneinander auftreten. Ich folge bei dieser Zusammenstellung dem *Alpine Chess*,

Nr. 76.
Hans u. Paul Johner
D. Wsch. 27. 11. 1904 (6030)

Matt in 5 Zügen

1. Th8 Le6 2. Ld8 L∼ 3. e6† L:e6 4. Sf3 L∼ 5. Sg5‡

Nr. 77.
W. Meredith
Chess Journal VIII. 1888 (2137)

Matt in 3 Zügen

1. Sd5 Th4 2. Tb1 T:e4 3. Sb6‡
1. ... Lh7 2. La7 L:e4 3. Se3‡

S. 135. Ebenda steht auch noch ein drittes Problem, von M. Havel, aus der *Zlata Praha* 1904: Kf5 Ta2 c6 Lg1 Sd6, Kd3 La5 3‡ 1. Se4 Lb4 2. Tc1 bzw. 1. ... Le1 2. La7 oder Lb6. Dasselbe läuft, wie man sieht, auf eine Vereinfachung der Meredith-Stellung hinaus.

Auch Nr. 78 ist in hohem Grade vom antikritischen Geist erfüllt. Die Aufgabe konkurrierte in einem Thematurnier des Skakblad (verlangt war ein Läuferzug von Ecke zu Ecke), ohne jedoch eine Auszeichnung zu erhalten. Das Hinüberwerfen des Läufers geschieht in der Absicht, dem schwarzen König in der Spielwendung 2. ... Ke2 3. Te4‡ den Austritt nach f3 zu verwehren. Warum aber muß der Turm gerade die Route d4 und e4 wählen, warum kann er nicht ebensogut über d8 und e8 eingreifen? Die Antwort darauf ist in der Variante 2. ... Sf3 zu finden. Um nämlich den störenden Zwischenzug Sf3—e5 zu vermeiden, muß sich das Turmmanöver diesseits, d. h. unterhalb der 5. Reihe abspielen. Hier haben wir abermals ein antikritisches Ideenelement, und zwar ein weiß-schwarzes, das uns zu den folgenden Beispielen hinüberleitet. Fraglos würde diese Seite des Problems noch deutlicher hervortreten, wenn der Turm, von oben kommend, mittels 2. Td8—d4 in antikritischer Zugrichtung die 5. Reihe überschritte.

Nr. 78.
W. v. Holzhausen
Skakbladet V. 1906 (154)

Matt in 3 Zügen

1. Lh1 c3 2. Td4 Ke2, Sf3 3. Te4‡
1. .... 2. ..... Se2 3. Td1‡

Nr. 79.
Schema

Matt in 2 Zügen

1. Td1 Le3 2. Lf2‡

Schema 79 zeigt in knappster Form eine antikritische Überschreitung des weiß-schwarzen Schnittpunktes c1. Der rein abwartende Anfangszug 1. Kg3 würde mit 1. ... Le3 2. Lf2† Lc1 beantwortet werden.

Nr. 80 enthält nun wieder eine Steigerung: 1. Th8—h6 ist ein Anticriticus inbezug auf den weißen T-L-Schnittpunkt h7, 2. Lc2—h7 ein Anticriticus inbezug auf den weiß-schwarzen L-S-Schnittpunkt e4. Bei Unterlassung des ersten Anticriticus (z. B. 1. Ld3? Sg3 2. Lh7) käme 2. ... L:f6†, bei Unterlassung des zweiten Anticriticus (z. B. 1. Th6 Sg3 2. Ld3?) käme 2. ... Se4. — Der Versuch 1. Ld1 wird durch Sf2 widerlegt.

Nr. 81 ist eine Vorstufe zu 80, die ich nur um ihrer Langzüge willen aufbewahrt habe.

Gewöhnlich aber sehen wir beim weiß-schwarzen Schnittpunkt den antikritischen Zug auf eine Parallellinie verlegt; es handelt sich dann nicht um eine Überschreitung des Schnittpunktes selbst, sondern

Nr. 80.
W. v. Holzhausen
Dtsch. Schachztg. XII. 1926 (16127)

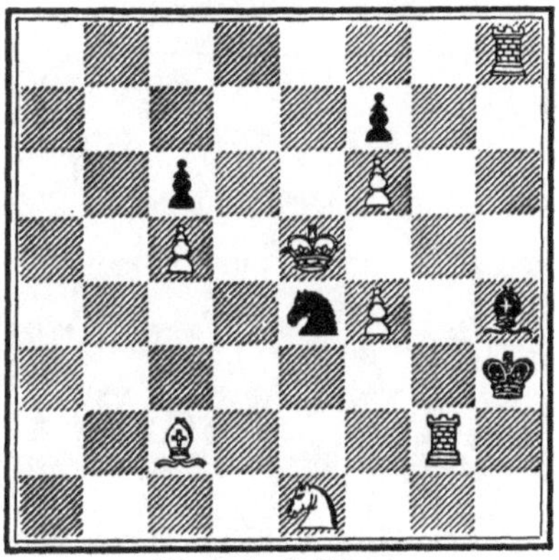

Matt in 3 Zügen

1. Th6 Sg3 2. Lh7 Kg4 od. S~ 3. Lf5‡
1. ... Sd6 2. c:d6 usw.

Nr. 81.
W. v. Holzhausen
Schwalbe VIII. 1928 (214)

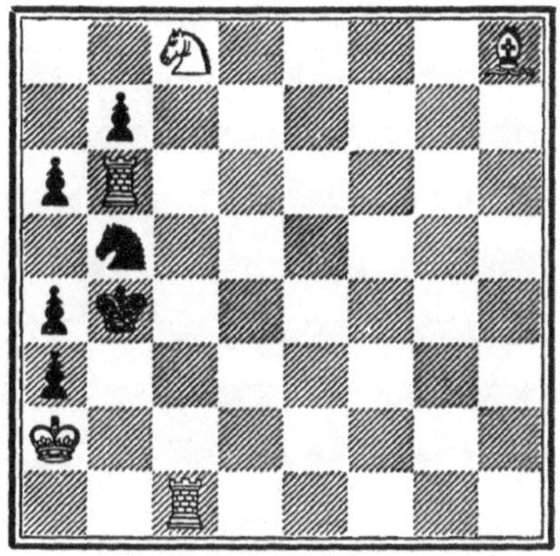

Matt in 3 Zügen

1. Tc7 Ka5 2. La1

um eine Umgehung nach Herlinscher Art. Ein zweizügiges Schema dieser Art ließe sich leicht aus Nr. 78 gewinnen: Kc2 Td8 Lh1, Ke1 Tf1 Sg1 Bf2 mit der Lösung 1. Td8—d4 Sg1—f3 2. Td4—e4‡. Wir brauchen jedoch das Schema nicht, denn Diagramm 82 — ein bauernloser Zweizüger mit beiderseits gleichem Figurenmaterial — leistet uns die nämlichen Dienste. Hier ist es das Feld e4, das der weiße Turm mittels f1—f5—e5 hinter sich bringen muß. Nach 1. Tf3 L:g6 2. Te3† wäre der Zwischenzug 2. ... Le4 möglich.

Nr. 82.
W. v. Holzhausen
Leipziger Tageblatt 10. 2. 1924 (240)

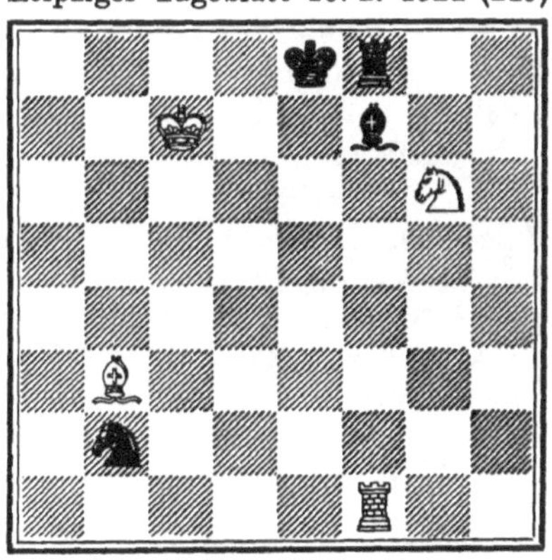

Matt in 2 Zügen
1. Tf5 L:g6 2. Te5‡

Nr. 83, mit weiß-schwarzem Schnittpunkt auf h7 (2. ... Ld3—h7!), läßt dem Weißen scheinbar die Wahl zwischen den beiden Umgehungsmanövern Tg8—g6—h6 und Tg8—g5—h5, doch ist im Hinblick auf die Variante 1. ... L:g2, die zu ihrer Erledigung das Freibleiben der Linie h7—b1 erheischt, nur das zweite Manöver verwendbar.

Nr. 83.
W. v. Holzhausen
Rivista Scacchistica Italiana
X./XI. 1905 (1524)

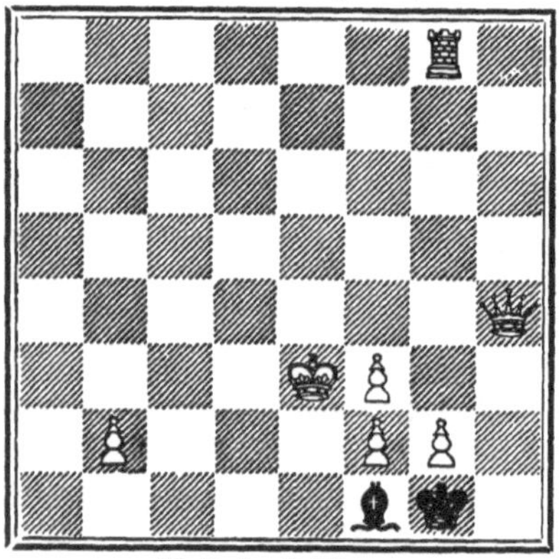

Matt in 3 Zügen

1. Tg5 Ld3 2. Th5 ∼ 3. Dh1‡
1. ... L:g2 2. Dh7 Kf1 3. Db1‡

Nr. 84.
W. v. Holzhausen
D. Wsch. 31. 1. 1909 (8557)

Matt in 3 Zügen

1. Ta5 a:b1L 2. Tg5
1. ... a:b1D 2. D:a1
1. ... L:b2 2. D:b2

Ganz ähnlich ist in Nr. 84 das Umgehungsmanöver Ta8—a5—g5 auf den Gegenzug 2. ... Lb1—g6! berechnet. Freilich befindet sich dieser schwarze Läufer anfangs noch gar nicht auf dem Brett, er wird erst durch Bauernumwandlung geschaffen, und zwar in der hinterlistigen Absicht, die Fortsetzung 2. D:a1 am Patt scheitern zu lassen. Durch diese Kriegslist des Nachziehenden gewinnt die Aufgabe den Charakter eines sogenannten Verteidigungsproblems.

Nr. 85 und 86 — letztere geht auf die Grundstellung 5 zurück — haben anstelle des Läufers einen Springer als schwarzen Akteur. Begönne man in 85 mit einem bloßen Tempozug wie 1. Tb7, so würde sich nach 1. ... Kh7 2. Tb8 das Zwischensetzen des Springers (2. ... Sg7—e8) als störend erweisen. Gleiches gilt bei 86 von der Spielweise 1. Tg4 S:c7 2. Tg8 Sc7—e8.[1])

[1]) Während der Drucklegung dieses Buches entdeckte ich noch drei alte Stücke mit weiß-schwarzem T-S-Schnittpunkt: I) Th. Herlin (*Palamède* VIII. 1846, Probl. Nr. 233) Kc7 Th7 Bb5, Ka7 Sc8 e5 Bb7; 5‡ 1. Th1 Ka8 2. Ta1† Sa7 3. b6 Sec6 4. Ta1—a6. Um 1. Th2 zu verhindern, fügte A. C. White in *The white Rooks* einen w. Bauern auf g2 hinzu. II) John Brown of Bridport (*Illustr. London News* 18. 7. 1857, Probl. Nr. 700) Kf8 Tg5 Lc6, Kc8 Sd6 Bc7; 4‡ 1. Tg4 Sb7 2. Ta4 Kb8 3. Ta4—a6. III) Kaspar Vogel (*Schweiz. Schachztg.* 15. 1. 1860) Kf4 Tb8 Sf6 Bd6 h6, Kh8 Le8 Sc8 Bd7; 3‡ 1. Ta8 S:d6 2. Ta8—d8.

Nr. 85.
W. v. Holzhausen
Rigaer Tageblatt 11. 4. 1909 (363)

Matt in 3 Zügen

1. Tf7 Kh7 2. Tf8
1. ... S∼ 2. Lc1†

Nr. 86.
W. v. Holzhausen
D. Wsch. 26. 10. 1919 (15329)

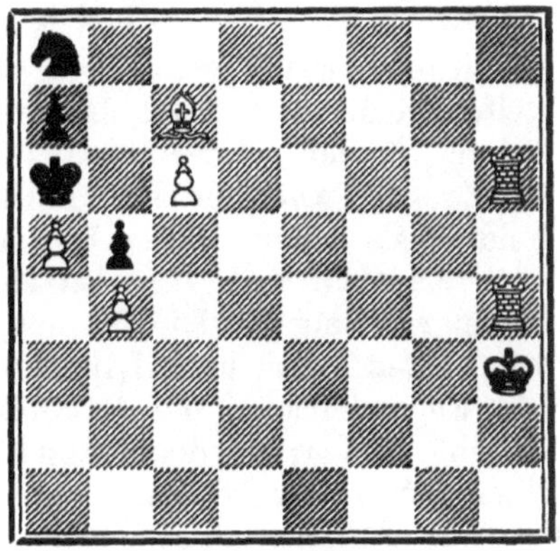

Matt in 4 Zügen

1. Td4 S:c7 2. Td8 S∼ 3. c7(†)
1. ... Sb6 2. a:b6 a:b6 3. Td3
[Td2, Td1]

Mit Nr. 87 kehren wir vom weiß-schwarzen zum weißen Schnittpunkt zurück. Der Vorgang ist hier ganz einfach. Dem Läufer ob-

Nr. 87.
W. v. Holzhausen
Rigaer Tageblatt 7. 1. 1911 (415)

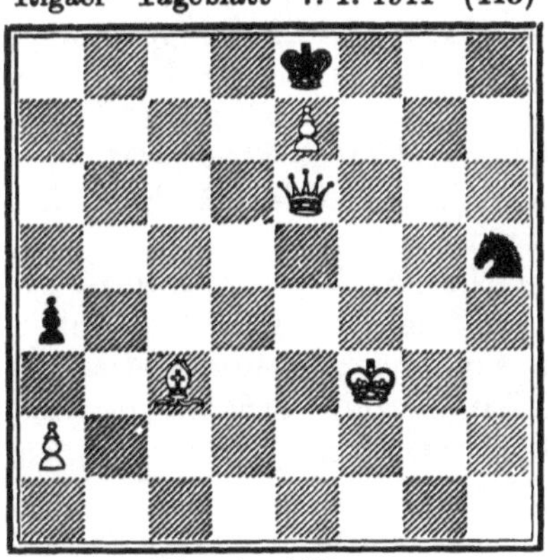

Matt in 4 Zügen

1. Lh8 a3 2. De5 Sf6, Sg7 3. L:S K∼ 4. e8D‡

Nr. 88.
J. Möller
D. Wsch. 7. 11. 1909 (9157)[1]

Matt in 4 Zügen

1. Lg8 e6 2. T:e6 Sg6, Sf7 3. T:g6, L:f7 K:a2 4. Ta6‡

[1]) Aus J. Möllers Aufsatz *Zum weißen Durchschnittspunkt*, dem ich auch bei der Besprechung dieser Aufgabe im wesentlichen folge.

liegt es, den feindlichen Springer auf f6 od. g7 abzufangen, und die Dame hat den bekannten raumgebenden Zurückzieher De6—e5 auszuführen. Damit nun der Läufer keine Absperrung von seinen Wirkungsfeldern erleidet, muß er gleich zu Anfang nach h8 hinübergespielt werden.

Komplizierter ist das Möllersche Problem 88. Wie aus der Mattstellung ersichtlich, liegt das endgültige Wirkungsfeld für den Turm auf a6, für den Läufer auf b3. Zuvor aber ist der schwarze Springer abzufangen, wodurch dem Turm das Feld g6 und dem Läufer das Feld f7 als provisorisches Wirkungsfeld zugewiesen wird.

Versuchen wir's zunächst einmal mit einem bloßen Wartezug, so finden wir nach 1. Tb6 (Tempo) e6 2. T:e6 Sf7! oder 2. L:e6 Sg6! den weißen Turm bzw. Läufer von seinem provisorischen Wirkungsfeld abgeschnitten. Es ist dieselbe schädliche wechselseitige Verstellung, die wir auf dem Gebiet des Erzwingungsproblems unter dem Namen Nowotny kennen.

Zur Abhilfe könnte wohl ein Anticriticus dienlich sein. Also vielleicht 1. Th6, mit der Fortsetzung 1. ... e6 2. L:e6. Jetzt klappt alles wunderschön in bezug auf die provisorischen Wirkungsfelder g6 und f7, aber leider ist der Turm nunmehr von seinem endgültigen Wirkungsfeld a6 abgetrennt, was sich Schwarz mit 2. ... Sg6 3. T:g6 K:a2 oder auch mit sofortigem 2. ... K:a2 zunutze machen kann. Somit erweist sich der Zug 1. Th6 als nützlicher Anticriticus für das Wirkungsfeld g6 und zugleich als schädlicher Criticus für das Wirkungsfeld a6.

Trotzdem ist der Gedanke, die Aufgabe durch einen Anticriticus zu lösen, durchaus richtig. Nur muß dazu der Läufer genommen werden und nicht der Turm. Nach den Lösungszügen 1. Lg8 e6 2. T:e6 Sf7 3. L:f7 K:a2 (oder sofortigem 2. ... K:a2) ist der Läufer zwar auch von seinem endgültigen Wirkungsfeld b3 abgesperrt, aber diese Sperrung ist ohne Belang, sie wird ja durch den fürchterlichen Abzug 4. Te6—a6‡ sofort wieder aufgehoben.

In gleicher Weise, wie es hier bei Nr. 88 mit dem Nowotny geschehen ist, hat J. Möller auch den Plachutta „ins Weiße übersetzt", indem er im Rahmen eines Probespiels die wechselseitige Diagonalverstellung von Dame und Läufer zum Schaden der angreifenden Partei auftreten ließ. Wir wollen uns jedoch mit dem bloßen Hinweis auf dieses Stück begnügen (D. Wsch. v. 7. 11. 1909, Probl. Nr. 9164). Der Leser wird mir nur dankbar sein, wenn ich ihn nicht zu sehr mit gleichartigem Stoff ermüde.

Nach dem „weißen Grimshaw" brauchen wir nicht erst lange zu suchen, denn er bildet den natürlichen Hintergrund des antikritischen Gedankens. Gibt man im Schema 65 voreilig das Turmschach auf c4, so zeigt sich eine schädliche Liniensperrung nach Grimshawscher Art.

Für den „weißen Holzhausen“ endlich mag Nr. 87 als Beispiel dienen. Nach den Zügen 1. La1(?) a3 2. De5 Sf6, Sg7 sehen wir den Läufer durch die Dame von den Feldern f6 und g7 abgeschnitten.

Was sich bei Nr. 87 auf der Schrägen a1—h8 abspielte, ist bei 89 in die Horizontale h4—a4 verlegt. Hier müssen sich die Türme auf der 4. Reihe verdoppeln, um in der Schlußstellung (Tc4, Td4) einander gedeckt zu halten. Dabei ist jedem Turm eine bestimmte Rolle zugewiesen: der eine hat auf c4 mattzusetzen, der andere hat dem König die d-Linie zu nehmen. Verdoppelt man sofort mittels 1. Td1—d4, so ist der h-Turm durch seinen Kollegen auf d4 von dem Mattfeld c4 abgetrennt. Dieser schädlichen Verstellung läßt sich aber leicht vorbeugen, man braucht bloß vor der Verdoppelung den h-Turm von der rechten auf die linke Seite hinüberzuwerfen. — Ähnliches bietet M. Havel, *Zlata Praha* 1912: Ka6 Td8 h4, Kc5 Sf2; 3‡ 1. Ta4 Sh1,Sh3 2. Tdd4, 1. ... S~ 2. T:S.

Nr. 89.
W. v. Holzhausen
A. C. White, The white Rooks 1910
(14 B)

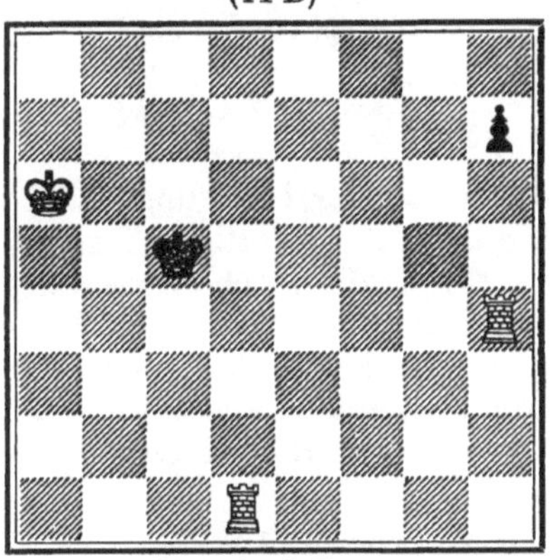

Matt in 3 Zügen

1. Ta4 h6 2. Tdd4 h5,Kc6 3. Tac4‡

Nr. 90.
W. v. Holzhausen
A. C. White, The white Rooks 1910
(14 A)

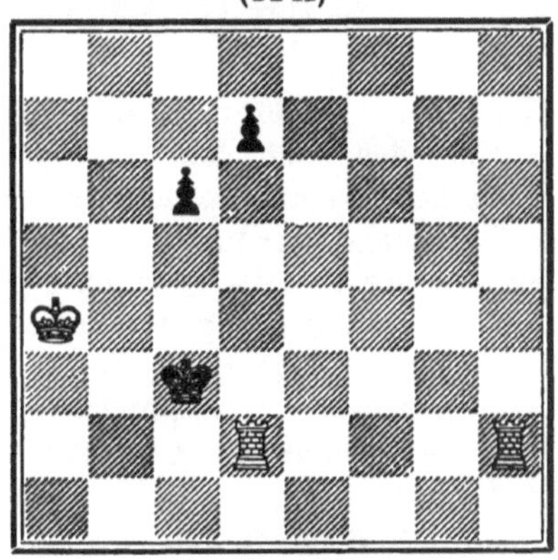

Matt in 4 Zügen

1. Td6 c5 2. Ta2 c4 3. Tdd2 d6,d5 4. Tac2‡

In Nr. 90 ist die Kombination durch ein kleines Vorspiel erweitert. Der Td2 vollführt einen Räumungszug, um den andern Turm hindurchzulassen und dann wieder auf sein altes Standfeld zurückzukehren. Als Räumungszug ist nur 1. Td6 zu gebrauchen, denn 1. T:d7 führt zum Patt und 1. Td1 scheitert an 1. ... d5.

Wie Nr. 87 durch J. Möller, so wurde das Problempaar 89/90 durch F. Köhnlein vorweggenommen und zugleich überboten. Bei

Nr. 91.
F. Köhnlein
Münchner Neueste Nachrichten 1905

Matt in 4 Zügen

1. Td8 b3 2. Ta4 B~ 3. Tdd4 ~ 4. Tac4‡
1. ... h5 2. Tfd4 b3 3. Kb7 ~ 4. T8d5‡

Nr. 92.
W. v. Holzhausen
D. Wsch. 10. 8. 1919 (15249)

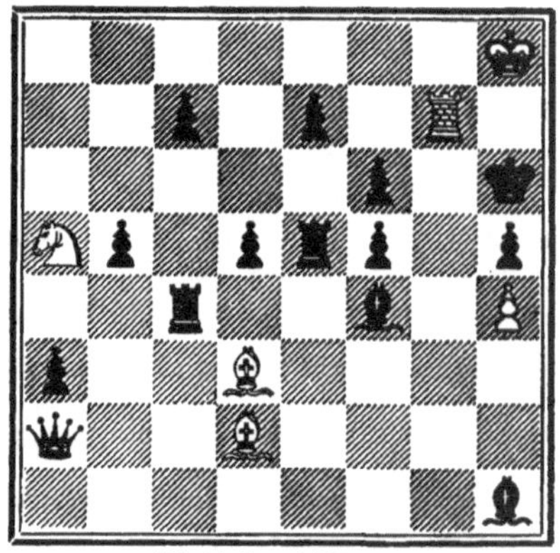

Matt in 4 Zügen

1. Le2 droh. 2. Th7† Kg6 3. L:h5‡
1. ... T:e2 2. Sc6 droh. 3. Sd8 und 4. Sf7‡
1. ... ... 2. ... Tce4 3. S:e7 T:e7 4. L:f4‡

Köhnlein verdoppeln sich die Türme das eine Mal auf der 4. Reihe, das andere Mal auf der d-Linie. In der 1. Lösungszeile ist 2. Ta4 der Anticriticus, während 1. Td8 als bloßer Wartezug fungiert. Erst in der 2. Zeile gewinnt der Zug 1. Td8 antikritische Bedeutung.

In allen bisherigen Beispielen war es die angreifende Partei, die sich des antikritischen Zuges bediente. Er kann aber auch vom Schwarzen zu Verteidigungszwecken benutzt werden. Hierauf gründet sich die Themastellung in dem 1. Klüverschen Problemausschreiben v. 1919:

Weiß erzwingt den kritischen Zug eines schwarzen Langschrittlers, damit ein schwarzer (als Idee in der Verteidigung) antikritischer Zug diesem Langschrittler zum Sperrzug werde.

Den Preis in dem Thematurnier erhielt die vorstehende Aufgabe Nr. 92 unter dem Motto *Bis dat, qui cito dat* — ein schnöder Sieg, da von den übrigen acht Bewerbungen nicht weniger als sieben nebenlösig waren und eine wegen thematischer Mängel ausscheiden mußte. Mit dem Motto hatte ich darauf anspielen wollen, daß die Einsendungsfrist etwas knapp bemessen war.

Der Hauptplan besteht hier in Sa5—c6(b7)—d8—f7‡; seine sofortige Ausführung scheitert an Tc4—e4 nebst d5—d4, wonach das Mattfeld f7 von der schwarzen Dame gedeckt ist. Der Verteidigungszug Tc4—e4 überschreitet den Schnittpunkt d4 im antikritischen Sinne: er will verhüten, daß der schwarze Turm durch den nachfolgenden Bauernzug d5—d4 von seinem Wirkungsfeld f4 abgeschnitten wird. Gleichzeitig trägt der Turmzug zur Räumung der Damenlinie a2—f7 bei, und wenn man alle seine Eigenschaften aufzählen will, dann muß man auch noch seines unmittelbaren Festhaltens an dem Punkte f4 gedenken. Dem Räumungszweck und dem letzterwähnten Haltezweck würde auch Tc4—b4 oder Tc4—a4 entsprechen, aber der antikritische Zweck wird nur durch Tc4—e4 erfüllt. Hiermit ist dem Gebote der Zweckreinheit vollauf Genüge getan. Denn die Zweckreinheit, wie ich sie verstehe, verlangt nicht, daß der Zug nur einen einzigen Zweck enthalte; wohl aber verlangt sie, daß sich der Zug nur durch einen einzigen Zweck von anderen gleichartigen Zügen unterscheide. Bei dieser Auffassung entfiele also der Tadel, den der Preisrichter gegen den Zug Tc4—e4 wegen Trübung der Zweckreinheit erhoben hat.

Durch das kritische Vorspiel 1. Le2 T:e2 wird nun der Zug Tc4—e4, der vom Schwarzen als nützlicher Anticriticus gedacht war, zu einem für Schwarz schädlichen Verstellungszuge umgewertet. Die Ausnutzung dieser T-T-Verstellung geschieht auf überraschend einfache Weise: der weiße Springer bleibt in Bewegung, nur wählt er jetzt den Weg über e7 (statt über d8), womit auch der anfängliche Zweifel zwischen den Zügen Sa5—c6 und Sa5—b7 zugunsten des ersteren entschieden ist. Dabei bietet sich der Springer dem schwarzen Turm beharrlich zum Opfer an; auf c6 wird das Opfer zwar noch verschmäht, aber auf e7 muß es angesichts der vierfachen Mattdrohung angenommen werden.

Den Schwarzen mit Gewalt zur Ausführung eines antikritischen Zuges zu zwingen, erscheint auf den ersten Blick als ein sinnloses Unterfangen, denn das hieße ja, den Gegner zu einer für ihn vorteilhaften Stellungsänderung nötigen. Nur durch den Pattgedanken, der die normalen Begriffe des Nützlichen und des Schädlichen in ihr Gegenteil verkehrt, läßt sich dem Manöver ein Sinn abgewinnen.

Nr. 93.
G. Ernst
Ranneforth, Schachkalender 1920

Matt in 4 Zügen
1. Tb7 L:b7 2. Le7~ 3. Lf8~ 4. Lg7‡

Nehmen wir an, im Diagr. 93 sei zuletzt Lf3—h1 geschehen,

dann hätte Schwarz einen kritischen Zug gemacht, und zwar einen Defensiv-Criticus, um durch den nachfolgenden Einsperrungszug g3—g2 eine Pattstellung herbeizuführen (hierzu vgl. Nr. 25 und 26). An diesem Patt würde denn auch der Angriffsversuch Ld8—e7—f8—g7‡ im Keime ersticken. Zunächst muß daher der schwarze Läufer aus seinem Versteck auf h1 wieder hervorgelockt werden, dann ist die Pattgefahr beseitigt und jener Angriff kann ungestört vonstatten gehen. — Das vorliegende antikritische Erzwingungsmanöver wurde erstmalig im Jahre 1912 von Dr. F. Palitzsch dargestellt, zum Zwecke der Erläuterung habe ich jedoch die einfachere Ernstsche Fassung vorgezogen.

Turton.

Außer dem Lovedayschen Zuge kennt das *Indische Problem* von Kohtz u. Kockelkorn noch einen zweiten weißen Criticus, nämlich den Turtonschen Zug.

Turtons Stammproblem gebe ich nachstehend in korrigierter Fassung wieder. Durch Versetzung des weißen Königs von h3 nach h1 und Hinzufügung des schwarzen Bauern auf h2 ist die alte Nebenlösung 1. Lb4 c:b4 2. Dg1† beseitigt. Der Bh7 muß nach wie vor stehen bleiben, um 1. Dg6 zu verhüten. Eine andere Korrektur bestünde darin, die Urstellung mit einem schwarzen Läufer auf a7 auszustatten. Das wäre aber schon ein stärkerer Eingriff, denn es ginge dann die Variante 1. ... Ta8 2. Dc3 Ta2 3. Dc1‡ verloren.

Nr. 94.

Henry Turton

[V.] Ill. Lond. News 6. 9. 1856

Matt in 3 Zügen

1. Lh8 b4 2. Dg7 Ta8 3. D:b2‡

Betrachten wir in der Turtonschen Aufgabe nach der Anweisung des *Indischen Problems* die Lage der Felder (b2 Wirkungsfeld, c3 altes Standfeld, h8 neues Standfeld des Läufers, g7 kritisches Feld oder Schnittpunkt), so finden wir allerdings an dem Zuge 1. Lc3—h8 alle die Merkmale vor, die einen kritischen Zug ausmachen. Trotzdem vermag ich den Turtonschen Zug nicht als einen kritischen anzuerkennen. Schon der nachfolgende angebliche Sperrzug muß einen stutzig machen. Ist denn das überhaupt ein Sperrzug? Verfolgt Dg3—g7 wirklich den Zweck, die Wirkungskraft des Läufers auszuschalten? Der einzig denkbare Grund für solch eine freiwillige Kraftentäußerung läge, wie ich immer wieder betonen muß, in dem Motiv der Pattaufhebung, doch hiervon kann ja beim Turton nicht die Rede sein. Zweifelt man aber erst einmal an dem Sperrzugcharakter des 2. Zuges, dann wird man auch gleich das ganze Manöver unter die Lupe nehmen und seine wahre Natur zu ergründen suchen.

Schon Kockelkorn muß Ähnliches empfunden haben, denn er sträubte sich gegen die Aufnahme des Turtonkapitels in das *Indische Problem*. „Der Durchschnittspunkt Turtons gehört nicht in das Buch", so lauteten, wie Kohtz mir später erzählte, die Worte seines Mitarbeiters. Im Anschluß an diese Mitteilung bezeugte mir Kohtz seine Befriedigung darüber, daß der Turton doch in dem Buch seine Stelle gefunden hat. Wir können dem nur beipflichten, denn gerade das Turtonkapitel erwies sich als ungemein anregend. Die Autorität des Altmeisters darf uns aber nicht abhalten, an den Ausführungen im *Indischen Problem* eine sachliche Kritik zu üben. Kohtz selber hat ja immer das Recht der freien Forschung verfochten und für sich in Anspruch genommen; es ist daher ganz im Sinne des Verstorbenen, wenn wir von diesem Rechte auch einmal gegen ihn Gebrauch machen.

Meine Stellung zur Turtonfrage drückt sich in den beiden hier abgebildeten Diagrammen aus. Zöge man in Nr. 95 sofort Ld3—e4 oder in 96 sofort Df1—g2, so hätte man die Figuren falsch verdoppelt, dann stünde der Läufer auf e4 der Dame im Wege. Die richtige

Nr. 95.
Schema

Matt in 3 Zügen

A) 1. Dd5 2. Le4 (antikritisch)
B) 1. Lf1 2. Lg2 (Turton, nach Herlinscher Art)

Nr. 96.
Schema

Matt in 3 Zügen

A) 1. Dc4 2. Dd5 (antikritisch, nach Herlinscher Art)
B) 1. Lh1 2. Dg2 (Turton)

Verdoppelung hat vorn die stärkere Dame und hinten den schwächeren Läufer. Dies läßt sich ebensowohl durch Vorholen der Dame wie durch Zurückholen des Läufers erreichen, und zwar geschieht die Verschiebung entweder auf der eigentlichen Wirkungslinie a8—h1 (primäre Form) oder nach Herlinscher Art auf der Parallellinie a6—f1 (sekundäre Form), sodaß sich im ganzen vier Möglichkeiten ergeben.

Alle vier Manöver verfolgen den gleichen freimachenden Zweck; sie wollen verhüten, daß die Schußlinie des Hauptakteurs durch den Nebenakteur blockiert werde. Aber nur die Damenbewegungen unter A sind antikritische Züge im engeren Sinne. Zu welcher Gruppe gehören denn nun die unter B aufgeführten Turtonschen Läuferbewegungen? Oder bilden sie etwa eine Klasse für sich? Um es frei herauszusagen, ich halte den Turton für eine Erscheinungsform der Loydschen Linienbahnung.[1]) Diese Auffassung sieht zunächst wie ein Rückschritt aus. Hat uns doch Kohtz, als er auf S. 136 des *Indischen Problems* aus dem Turton die Loydschen Bahnung entwickelte, zugleich auch über den Unterschied der beiden Manöver belehrt: beim Turton wirkt der Läufer in der Mattstellung als stützende Figur mit, bei der Loydschen Bahnung fehlt eine solche Mitwirkung. Diesen Unterschied empfand Kohtz offenbar als so erheblich, daß er den beiden Fällen verschiedene Namen beilegte. Nach der ganzen Theorie, die ich mir von den Zwecken der Züge gebildet und in dem Kapitel „Logik und Zweckreinheit" eingehend dargelegt habe, kann ich jedoch in dem Vorhandensein oder Fehlen von Begleitzwecken keinen so wesentlichen Unterschied erblicken. Auch beim Healey kommen ja Begleitzwecke vor, ohne daß er darum seinen Namen wechselt. Als Beispiel gebe ich das Schema w. Da1 Lb2 Bf3 g4 schw. Kh6 mit der Mattführung 1. Lb2—h8 2. Da1—g7‡ bzw. Da1—f6‡, wobei der Bahnungsstein der Dame als Stütze dient. (Bekanntlich läßt die Healeysche Bahnung, im Gegensatz zur Loydschen, eine zweizügige Darstellung zu.)

Betrachten wir daraufhin den Zug 1. Le4—h1 im Diagramm 96. Gewiß, es gehört zu seinen Obliegenheiten, die Angriffsrichtung auf b7 festzuhalten. Aber den Haltezweck hat er mit anderen, nicht-

---

[1]) Ich sage „Loydsche Linienbahnung" und nicht, wie es im *Ind. Probl.* heißt, „Loydsche Linienräumung". Der Ausdruck „Räumung" erscheint mir zu farblos für dieses ausgesprochen langschrittige Manöver. Das Charakteristische der Bahnung liegt meines Erachtens in dem Umstand, daß die Bewegung längs der freizulegenden Linie stattfindet. Dies kann natürlich in zwei entgegengesetzten Richtungen geschehen, und dafür haben wir die Unterscheidung zwischen der Healeyschen und der Loydschen Bahnung. — Als Beispiele der Loydschen Bahnung findet man an früherer Stelle die Nummern 20 u. 21.

bahnenden Zügen wie 1. Le4—d5 oder 1. Le4—f3 gemeinsam. Demnach kann auf die Frage, warum der Läufer gerade nach h1 zieht, lediglich der Bahnungszweck geltend gemacht werden.

Im Diagramm 95 handelt es sich für den Läufer nicht um ein Festhalten, sondern um ein Ergreifen des Wirkungsfeldes b7. Daß er dabei den Weg über f1 und g2 nehmen muß, ist durch das Bahnungsmotiv bedingt, d. h. durch die Notwendigkeit, die Damenlinie f3—b7 frei zu lassen. Umgekehrt wie bei Nr. 96, ist die Einstellung auf den Punkt b7 zum Greifzweck und das Bahnungsmotiv zum Haltezweck geworden. Wir haben hier die sekundäre (Herlinsche) Form des Turtonmanövers oder, allgemeiner gesprochen, die sekundäre (Herlinsche) Form der Loydschen Linienbahnung. Es ist klar, daß die Loydsche Bahnung, wenn sie überhaupt in sekundärer Form durchgeführt werden soll, nicht anders als in der Turtonschen Zweckverknüpfung auftreten kann. Denn erst durch das Angriffsziel auf b7 erlangt das Manöver 1. Ld3—f1 2. Lf1—g2 einen positiven schachlichen Sinn.

Werfen wir nun noch einen vergleichenden Blick auf Nr. 65 und 95, so zeigt sich uns eine überraschende Analogie. Beide Schemata sind auf ähnliche Art doppellösig, erstens durch einen primären Anticriticus und zweitens durch einen sekundären Räumungs- bzw. Bahnungszug. Räumung und Bahnung sind übrigens in der sekundären Form kaum auseinander zu halten. Um klar zu sehen, muß man sich stets die primäre Form vergegenwärtigen.

Nr. 97.
W. v. Holzhausen
D. Wsch. 22. 12. 1907 (7916)

Matt in 3 Zügen

1. Th1 Kb7 2. Th8
1. ... d5 2. D:g7†
1. ... Kd7 2. Df7†

Nr. 98.
W. v. Holzhausen
Neue Leipz. Zeitung 7. 10. 1928 (1073)

Matt in 3 Zügen

1. Td8 2. Ta8 3. D:a2, Da1‡

Vom Herlinschen Umgehungs-Turton habe ich schon an früherer Stelle, unter Nr. 11—14, einige Beispiele gegeben. Zur Ergänzung lasse ich hier zwei weitere Stücke folgen. — In Nr. 98, einem Ableger von 14, wird das Gespenst der antikritischen Nebenlösung (1. Da3 2. Ta5) durch den Doppelschritt des schwarzen Bauern gebannt.

In all diesen Stücken steht nach vollzogener Figurenverdoppelung die Dame im Vordertreffen und der Läufer oder Turm dahinter. Unter Umständen erweist es sich aber als nützlich, den schwächeren Stein nach vorn zu nehmen. Für den Spielpraktiker ist das nichts Neues. In einer Stellung wie 99 wird sich wohl niemand den Damengewinn mittels 1. Dh1 und 2. Th8 entgehen lassen. Die analoge Spielweise mit der Dame im Vordertreffen (1. Dh3 2. Dh8) würde nur zu einem stumpfen Damentausch führen. Nun ist dies freilich mehr eine Endspiel- als eine Problemkombination. Soll der Gedanke problemmäßig in Form einer kurzen Mattführung ausgearbeitet werden, so muß man den schwächeren Stein zum Breschelegen gegen die feste feindliche Königsstellung benutzen, um dann mit der „mattgewaltigen" Dame nachzudringen. Auf diesem Angriffsplan beruhen die nachstehenden Loydschen Darstellungen.

Nr. 99.
Schema

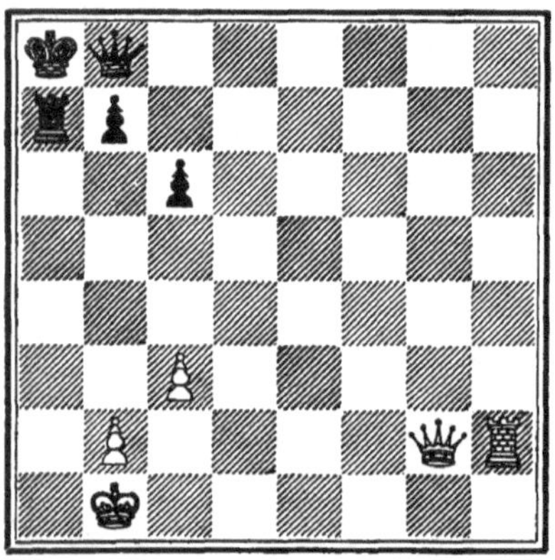

Weiß am Zuge gewinnt

Bei Nr. 100 liegt die Sache klar und einfach: 1. Dd4—g1 ist ein einwandfreier Turtonzug, der unter Festhaltung der Punkte b6 und c5 die Bahn f2—b6 für den Sprengtrupp freimacht.

Von komplizierterer Struktur ist Nr. 101. Stünde hier die Dame auf e3, dann wäre, analog der vorigen Aufgabe, 1. De3—e1 ein Turtonzug, der unter Festhaltung der Punkte e7, e6, e5 die Bahn e2—e6 für den Turm freimacht; es bliebe dann nur die Frage offen, warum sich die Dame nicht ebensogut der Healeyschen Bahnung (1. De3—e8) wie der Loydschen Bahnung (1. De3—e1) bedienen kann. Nun befindet sich aber die Dame ursprünglich auf e8, die Turmbahn e2—e6 ist also von Anfang an frei und dem sofortigen Angriff 1. Te2 2. Te6† f:e6 3. D:e6‡ scheint nichts im Wege zu stehen. In Wirklichkeit scheitert er jedoch an 1. ... f4 2. Te6† Kf5. Diese Variante bedarf nämlich zu ihrer Erledigung des Damenmatts auf e4, und von ebendiesem Felde ist die Dame beim Stande auf e8 durch den Turm e6

Nr. 100.
S. Loyd
NewYork Clipper 11. 10. 1856 (25)

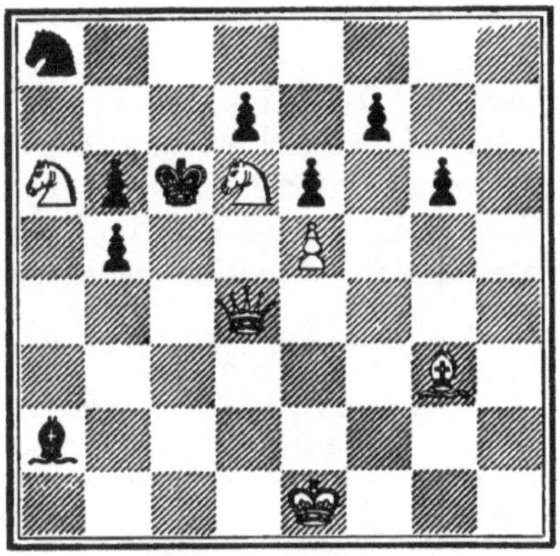

Matt in 4 Zügen

1. Dg1 2. Lf2 3. L:b6

Nr. 101.
S. Loyd
[V.] Chess Monthly, Okt. 1857 (42)

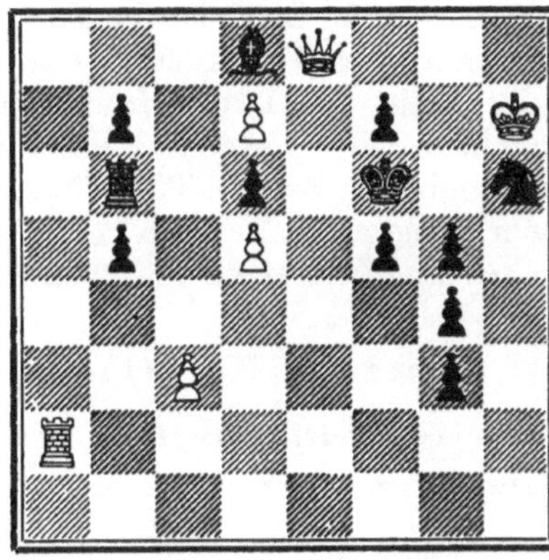

Matt in 4 Zügen

1. De1 2. Te2 3. Te6†

abgeschnitten. Hieraus ergibt sich für die Dame die Notwendigkeit, das Feld e6 zu überschreiten. Dabei darf sie selbstverständlich nicht in die zukünftige Turmbahn hineingeraten, sie muß also ihre Bewegung bis e1 ausdehnen. Demnach ist 1. De8—e1 ein Anticriticus inbezug auf den Schnittpunkt e6 und zugleich ein Turtonscher Zug inbezug auf den Schnittpunkt e2. Den Schnittpunkt e6 überschreitet die Dame, um nicht durch den Turm verstellt zu werden; den Schnittpunkt e2 überschreitet sie, um nicht selber den Turm zu verstellen. — Daß ich e6 kurzweg als Schnittpunkt bezeichne, wolle man mir zugute halten. Im wörtlichen Sinn ist e6 kein Schnittpunkt, da sich ja die beiden Zuglinien De8—e1 und Te2—e6 nicht schneiden, sondern im Bereich der kürzeren Strecke e2—e6 zusammenfallen.

Eine interessante Abart bildet der Zwei-Türme-Turton. Wie schon Kohtz im *Indischen Problem* bemerkt, bedarf es hier stets eines besonderen Kunstgriffs, um die Notwendigkeit des Turtonschen Manövers zu begründen. Denn an und für sich ist ja der eine Turm ebensoviel wert wie der andere, sodaß es auf den ersten Blick ganz gleichgültig erscheint, in welcher Art und Reihenfolge die Turmverdoppelung stattfindet. Wir wollen bei dem Zwei-Türme-Turton etwas länger verweilen, um uns mit den verschiedenen hier vorkommenden Kunstgriffen vertraut zu machen.

Drei Turmstücke wurden bereits im vorigen Kapitel unter Nr. 89 — 91 besprochen. Daß es sich aber dort um antikritische und nicht um Turtonsche Züge handelt, läßt sich schon aus der Zugrichtung erkennen. Der Antricriticus bedeutet einen Vormarsch gegen den Feind, der Turton einen Rückzug.

Die Aufgabe 102, die im *Indischen Problem* als einzige Illustration des Zwei-Türme-Turtons dargeboten wird, ist trotz des augenfälligen Turmrückzugs doch nur ein Pseudobeispiel. Die Linie g7—c3 für den Läufer freimachend, zieht der Te5 über den Schnittpunkt f5 hinweg, weil sich ihm diesseits des Schnittpunktes keine Bleibe mehr bietet. Stünde Tf8 auf g8, dann ginge es ohne Schnittpunktüberschreitung mit 1. Te5—f5 2. Tg8—g5. Man ersieht daraus, daß die Überschreitung keinen wesentlichen Bestandteil der Kombination ausmacht.

Nr. 102.
J. Kohtz u. C. Kockelkorn

Ind. Probl. 1903 (118)

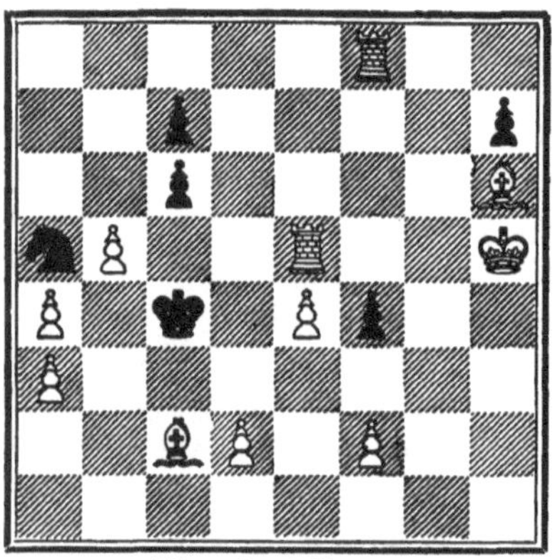

Matt in 4 Zügen

1. Tg5 Sb7 2. Tff5 f3 3. Lg7 Sc5 4. T:c5‡

Nr. 103.
W. v. Holzhausen

Akad. Monatsheft f. Schach VIII/IX. 1910 (8)

Weiß am Zuge gewinnt

1. Tg8 [Th8] 2. Tff8 3. T:b8 (Drohspiel)
1. . . . . Kd7 2. Tff8 Kc7 3. Tc8†
1. . . . . a5 2. b:a5 usw.
Nähere Analyse siehe Akad. Monatsh. II. 1911 und D. Wsch. 9. 4. 1911.

Aus dem Bestreben, ein thematisch einwandfreies Beispiel zu liefern, ist die Endspielstudie 103 hervorgegangen. Hier scheitert das sofortige Tff8 an 1. ... Sd7 2. T:a8 S:f8, daher muß erst eine Umgruppierung der Türme vorgenommen werden. Beabsichtigt war von Hause aus 1. Tg8, mit der Eventualfortsetzung 1. ... Lf7 2. T:g7. Bei dem Lösungspreisausschreiben in den Akad. Monatsheften stellte sich jedoch heraus, daß auch 1. Th8 angängig ist; die Variante 1. ... Lf7 erledigt sich dann minder einfach mit 2. Tc1 Le6 3. Tc7† nebst 4. T:b7. Die Grundidee wird dadurch nicht beeinträchtigt, ich habe mir daher auch weiter keine Mühe gegeben, den Doppelzug zu unterdrücken.

Wie man sieht, ist der weiße Turm auf dem Schnittpunkt- oder Verdoppelungsfelde f8 der Bedrohung durch Sb8—d7 ausgesetzt. Solches kann wohl der vordere, aber nicht der hintere Turm vertragen. Denn der vordere Turm bleibt ja doch nicht stehen, er bricht gleich im nächsten Zuge ins feindliche Lager ein und entzieht sich auf diese Weise der Bedrohung. Der hintere Turm hingegen ist naturgemäß zum Stehenbleiben bestimmt, ihn trifft daher der Springerangriff mit ungleich größerer Wucht. Daraus folgt, daß man den f-Turm, der auf dem gefährdeten Feld f8 zu stehen kommt, zum vorderen Turme machen muß. Und zwar geschieht dies, indem man den andern Turm durch Zurückholen ins Hintertreffen versetzt.

Nr. 104.

W. v. Holzhausen

[V.] D. Wsch. 14. 7. 1918 (14797)
zum 75. Geburtstag von J. Kohtz

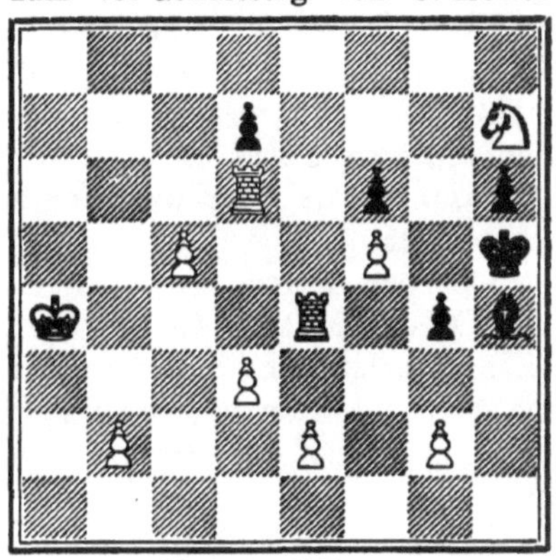

Matt in 5 Zügen

1. Tb4 Lg5 2. Tdd4 Le3,Ld2
3. T:g4 Lg5 4. Th4† L:h4 5. g4‡
1. ... Lf2 2. S:f6† Kg5
3. T:g4† K:f5 4. e4† Ke5 5. S:d7‡

Erst im Jahre 1916 gelang es mir, den Grundgedanken des Endspiels 103 in Form eines Mattproblems darzustellen. Ich brachte die Aufgabe 104 im Februar 1918 in die Heimat mit und verwendete sie zu einer Ehrung für den Altmeister Kohtz. Ursprünglich stand der weiße König auf h1, während auf a4 ein weißer Bauer postiert war, und es fehlten die Bauern auf b2 u. d3. Diese Fassung war jedoch durch 1. g2—g3 nebenlösig, sodaß ich mich zu einer nachträglichen Korrektur genötigt sah. Der Bb2 im Diagramm 104 ist eigentlich überflüssig; ich habe ihn nur aufgestellt, um den Schlüsselzug 1. Te4—b4 unwahrscheinlicher zu machen.

Zum rascheren Verständnis der Konstruktion sei vorweg bemerkt, daß der schwarze Läufer, solange der Turm auf d6 steht, nicht gut die Verteidigung des Punktes f6 aufgeben kann. Denn es geschähe dann 2. S:f6† Kg5 3. T:g4†, mit Deckung des Springers durch den Td6. Erst nach Wegzug des Turmes von d6, d. h. nach vollzogener Turmverdoppelung, darf sich der schwarze Läufer ungestraft aus der Linie h4—f6 entfernen.

Die sofortige Turmverdoppelung 1. Tdd4 scheitert an 1. ... Lf2 2. T:g4 L:d4, bzw. an 1. ... Lf2 2. Tb4 d5 3. T:g4 Ld4 4. T:d4 patt. Schiebt man mittels eines Tempozuges die Turmverdoppelung hinaus, z. B. 1. Kb5 Lg5 2. Tdd4, so scheitert dies gleichfalls an 2. ... Le3 3. T:g4 L:d4. Die richtige Lösung besteht im Zurückführen des Turmes auf das Feld b4 (nicht c4 wegen späterer Störung durch d7—d5). Nach 1. Tb4 Lg5 2. Tdd4 ist der Angriff 2. ... Le3 zu einem Luftstoß geworden, denn er trifft nunmehr den vorderen Turm, der sofort nach g4 ausrückt. Schwarz hat dann nichts besseres als den Läufer wieder nach g5 zurückzuziehen, worauf ein zweizügiges, schon aus den altarabischen Mansuben bekanntes Opferspiel den Schluß macht.

Obiges ist die streng thematische Betrachtungsweise. Sie befaßt sich ausschließlich mit dem Angriff des schwarzen Läufers auf das Turmfeld d4 und zieht dabei diese beiden Fälle in Vergleich:

I. auf d4 steht der hintere Turm (1. Tdd4? Lf2),

II. auf d4 steht der vordere Turm (1. Tb4! Lg5 2. Tdd4 Le3).

Die Sache hat aber noch ein anderes Gesicht. Der schwarze Läufer braucht sich nämlich nicht auf das Angriffsfeld d4 zu versteifen, er könnte seine Aufgabe auch so auffassen: ich greife allemal den hinteren Turm an, gleichviel auf welchem Felde er stehen mag. Alsdann würde sich der Vergleich auf die beiden folgenden Fälle erstrecken:

I. der hintere Turm steht auf d4 (1. Tdd4? Lf2),

II. der hintere Turm steht auf b4 (1. Tb4! Lg5 2. Tdd4 Ld2).

Hierbei zeigt sich, daß der Läuferangriff auf den Turm b4 überhaupt nicht zu fürchten ist, denn nach 1. Tb4 Lg5 2. Tdd4 Ld2 3. T:g4 L:b4 ist ja das Feld f6 dem Springermatt preisgegeben. Anders verhält es sich bei der Spielweise 1. Tdd4 Lf2 2. T:g4 L:d4; hier verleiht der schwarze Läufer, indem er den Turm auf d4 schlägt, zugleich dem Felde f6 die erforderliche Deckung. Betrachten wir, unserem augenblicklichen Gesichtspunkt entsprechend, den jeweils hinteren Turm als das Angriffsobjekt des schwarzen Läufers, so können wir sagen: durch den Zug 1. Tb4 wird das Angriffsobjekt zum Nachteil des Schwarzen verschoben.

Den gleichen Typus des Zwei-Türme-Turtons hat E. Brunner in Nr. 105 mit einfachsten Mitteln und schmucklosem Schlußspiel dargestellt, und zwar in thematisch eindeutiger Weise, denn es entfällt hier die Betrachtung, die wir bei Nr. 104 an den Angriffszug Lg5—d2 knüpften. Brunner hatte sich gleich mir jahrelang um eine problemmäßige Ausgestaltung des Endspiels 103 bemüht. Als wir dann im Frühjahr 1918 unsern lange unterbrochenen Briefwechsel wieder aufnahmen und die Erzeugnisse der Zwischenzeit austauschten, da stellte sich zu unserer gegenseitigen Überraschung heraus, daß wir beide den erstrebten Turton in der Mappe hatten. Ich lege diese Nebenumstände so ausführlich dar, weil Brunners

Aufgabe etwas früher erschienen ist als die meinige und ich mich gegen den Verdacht der Nachbildung schützen möchte.

Brunner hat überhaupt die weißen wie auch die schwarzen „Doppeltürme" zu seiner Spezialität erkoren und auf diesen Kombinationsgebieten alle Mitbewerber hinter sich gelassen. Von ihm stammen fast alle nachstehenden Typen des Zwei-Türme-Turtons, wir werden uns daher mit diesem Problemmeister noch weiter zu beschäftigen haben.

Um zur nächsten Aufgabe hinüberzuleiten, muß ich den Leser mit einem Rückblick auf Nr. 104 bemühen. Aus den dortigen Darlegungen kennen wir den zum Patt führenden Versuch 1. Tdd4(?) Lf2(!) 2. Tb4 d5(!) 3. T:g4 Ld4(!) 4. T:d4. Noch lehrreicher ist aber die folgende Spielweise, obwohl sie den Weißen wie den Schwarzen einen schlechten Zug machen läßt und dementsprechend mit zwei Fragezeichen behaftet ist: 1. Tdd4(?) Lf2(!) 2. Tb4 Ld4(?). Geschieht jetzt 3. Tb:d4 d5 4. T:g4, so bleibt der Bauer d5 abgestopft und es wird Patt; geschieht aber 3. Te:d4 d5 4. T:g4, so wird der schwarze Bauer wieder beweglich und es kommt zum Matt. Man sieht also, es ist durchaus nicht gleichgültig, welcher von beiden Türmen den Bauern blockiert. Tut es der hintere Turm, dann ist die Blockade dauernd und wegen der Pattgefahr für Weiß schädlich; tut es der vordere, dann ist die Blockade vorübergehend und harmlos.

Aus einer solchen Erwägung ist offenbar Brunners Aufgabe 106

Nr. 105.
E. Brunner
Tägliche Rundschau 8. 5. 1918

Matt in 5 Zügen

1. Tdl h5 2. Tgd2 Se4 3. T:d7
1. .... b2 2. Tc2† Kd8 3. Tcd2
1. .... d6, d5 2. T:B

Nr. 106.
E. Brunner
D. Wsch. 25. 5. 1919 (15187)

Matt in 4 Zügen

1. Ta3 g3 2. Tbb3 b4
3. T:g3 b:a3, b3 4. Tg4‡
1. ... g:h3 2. T:h3† Kg4
3. K:f6 K:f4 4. d5‡

entstanden. Freilich hat der Löser hier nicht die Wahl, den einen oder den anderen Turm zum Blockeur des schwarzen b-Bauern zu machen. (Gemeint ist selbstverständlich die Blockadestellung Tb3 Bb4, nicht Tb4 Bb5.) Wohl aber steht es dem Löser frei, ob er den gegebenen Blockeur, d. h. den b-Turm, zum hinteren oder zum vorderen Turme machen will. Klüglicherweise macht man ihn zum vorderen, indem man den andern Turm auf die a-Linie zurückholt. Der Zug 1. Ta3 leistet aber noch ein übriges: er schafft die Schlagmöglichkeit b4:a3, während doch themagemäß der Bauer b4 erst durch den Wegzug 3. Tb3:g3 seine Beweglichkeit erlangen sollte. Das trübt die Klarheit des Grundgedankens, kommt aber andrerseits der äußeren Ökonomie zugute, insofern b4:a3 den nunmehr überflüssigen hinteren Turm vom Brett verschwinden läßt. Diesen Widerstreit zwischen Zweckreinheit und äußerer Ökonomie kann man in der Problemkunst des öfteren beobachten.

Eine eigene Bewandtnis hat es bei Nr. 106 mit dem Probespiel. Im Hinblick auf die Variante 1. ... g:h3 (2. Lösungszeile) ist nämlich der Turm b4 genötigt, einstweilen auf der 4. Reihe zu verharren. Erst wenn Schwarz g4—g3 gespielt und somit dem Zuge g4:h3 entsagt hat, darf der Turm die 4. Reihe verlassen und zur Verdoppelung auf b3 schreiten. Infolgedessen gibt die sofortige Turmverdoppelung 1. Tbb3 kein richtiges Probespiel ab. Dieses besteht vielmehr in den Zügen 1. Td3,Tc3 g3 2. Tbb3 b4 3. T:g3 (patt); es beginnt also mit einem Tempozug und verlegt, gleich der wirklichen Lösung 1. Te3—a3, die Turmverdoppelung an die 2. Stelle.

Nr. 107.

E. Brunner

Akad. Monatsheft f. Schach 1910

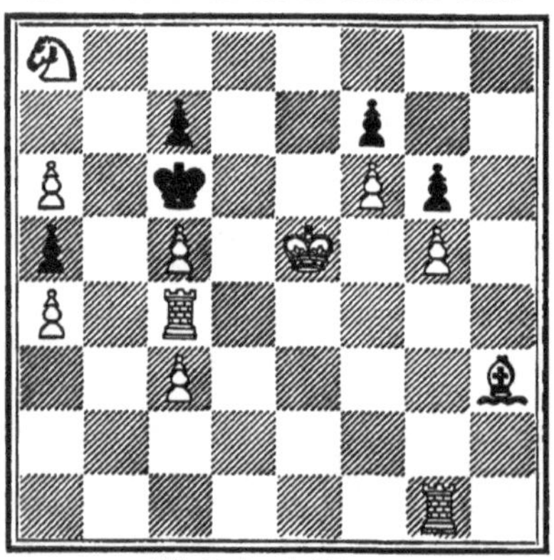

Matt in 3 Zügen

1. Th4 K:c5 2. Tgg4 Kc6 3. Tc4‡

In Nr. 107 verstellt der Verdoppelungszug Tgg4 die Läuferlinie h3—d7. Als Anfangszug kommt er kaum in Frage, denn man will den schwarzen König lieber nach c5 hinunterzwingen als über d7 entweichen lassen. Aber auch bei dem Versuch 1. Td4,Te4,Tf4 K:c5 2. Tgg4 Kc6 3. Tc4† hat der König infolge der Läuferverstellung das Fluchtfeld d7. Diese Verstellung muß unbedingt in dem Augenblick wieder aufgehoben werden, wo der König von c5 nach c6 zurückgekehrt ist. Der Mattzug wird also 3. Tg4—c4 zu lauten haben.

Das läßt sich dadurch erreichen, daß man den g-Turm zum vorderen und den ursprünglich auf c4 befindlichen zum hinteren Turme macht.

Überschauen wir noch einmal die drei Typen, die durch die Aufgabengruppe 103—105 und durch die Einzelbeispiele 106 u. 107 repräsentiert werden! In jedem Falle ist mit dem Aufenthalt auf dem Verdoppelungsfelde irgendeine Gefahr verbunden, die nur der vordere Turm zu bestehen vermag. Dieser nämlich überwindet die Gefahr, indem er zum Sturm hervorbricht und das ungastliche Verdoppelungsfeld hinter sich läßt.

Nr. 108.

E. Brunner

[V.] Baseler National-Zeitung
25. 2. 1921

Matt in 6 Zügen

1. Td5 b:c4 2. Ta5 c3 3. Tbb5 b6 4. Th5† T:h5 5. Ta1 u. 6. Th1‡ (3. ... c2 4. Ta1; 1. ... Th6, Th7 2. Tb:b5 und 3. Td1)

Brunners letztes Beispiel Nr. 108 nimmt unter seinen Bearbeitungen des Zwei-Türme-Turtons einen Sonderplatz ein. Der Einfachheit halber übergehen wir hier das Vorspiel 1. Td5 b:c4, ohne es damit als überflüssig oder wertlos hinstellen zu wollen, und beginnen gleich mit dem 2. Zuge, weil erst an dieser Stelle der eigentliche Turton einsetzt.

Geschieht 2. Tbb5, so folgt die Antwort 2. ... b6, und nun ist der weiße König vom Abzugsschach bedroht. Dieser Drohung könnte Weiß durch Ablenkungsopfer auf h5 begegnen. Das Opfer ist aber nur dann mit Erfolg anwendbar, wenn der hintere Turm auf einer freien Vertikallinie steht, sodaß er in 2 Zügen das Mattfeld h1 erreichen kann. Der b-Turm ist demnach für die Rolle des hinteren Turmes ungeeignet, er muß zum vorderen, zum Opferturm gemacht werden. Zu diesem Zwecke ruft man seinen Kollegen mittels 2. Td5—a5 ins Hintertreffen zurück, wo er in der a-Linie die erforderliche freie Vertikale findet.

Bei Nr. 109 ist die Umgruppierung der Türme durch den Tempozwang begründet. Der naheliegende Versuch 1. Tff4 f5 2. Tc4 f6 3. T:b4 L:b4 (und erst recht der Versuch 1. Tff4 f5 2. T:b4 L:b4) würde den Weißen in Zugmangel versetzen. Soll es mit dem Tempo klappen, so muß im 4. Zuge, nachdem f6—f5 und f7—f6 geschehen und der vordere weiße Turm auf b4 geopfert ist, der verbleibende hintere Turm nach f4 ziehen, nicht auf f4 stehen. Daher ist der f-Turm, der schon durch den Verdoppelungszug auf dem Felde f4 zu stehen kommt, als hinterer Turm nicht zu gebrauchen, er muß als vorderer, als Opferturm verwendet werden.

Nr. 109.
W. v. Holzhausen
D. Wsch. 30. 11. 1924 (16592b)
bei der Lösungsangabe zu Nr. 16592

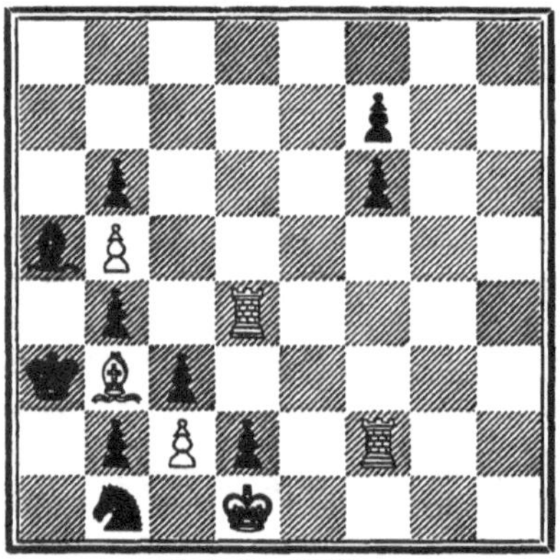

Matt in 5 Zügen

1. Th4 f5 2. Tff4 f6 3. T:b4 L:b4
4. Tf4 L∼ 5. Ta4‡

Nr. 110.
W. v. Holzhausen
[V.] D. Wsch. 15. 8. 1924 (16592)

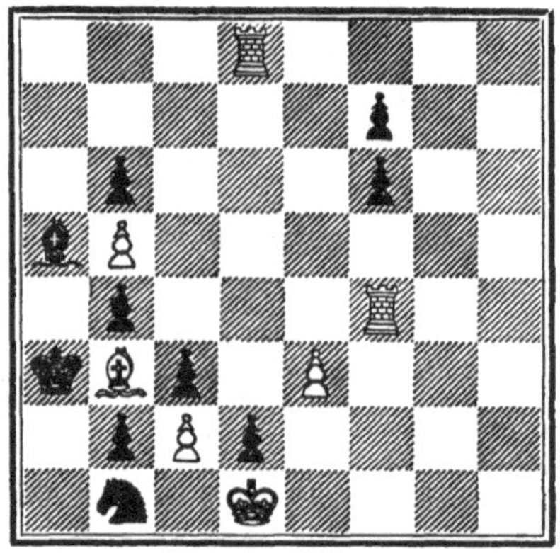

Matt in 5 Zügen

1. Th8 f5 2. Thh4 f6 3. T:b4 L:b4
4. Tf4 L∼ 5. Ta4‡

Nr. 110, vom 3. Zuge ab mit 109 identisch, zeigt in den Anfangszügen ein Umgehungsmanöver nach Herlinscher Art, wobei der zu umgehende f-Turm von vornherein auf f4 steht. Ich halte diese Fassung für effektvoller als Nr. 109, weshalb ich sie auch an erster Stelle im *Deutschen Wochenschach* veröffentlicht habe.

Wie aus dem doppellösigen Schema 95 erinnerlich, läßt sich der sekundäre (Herlinsche) Turton unter Umständen durch einen primären Anticriticus ersetzen. Im vorliegenden Fall trifft dies aber nicht zu. Versucht man's in Nr. 110 mit dem antikritischen Manöver 1. Tc4 f5 2. Tdd4, so klappt es zwar bei 2. ... f6 3. T:b4 L:b4 4. Tf4, scheitert aber an 2. ... f4. Den raumgewinnenden Zug f5—f4 darf man dem Schwarzen nicht gestatten.

Nr. 111, leider mit gleichfarbigen Läufern behaftet, steigert das Herlinsche Manöver bis zu einer vollständigen Umkreisung des Punktes f3: von der 3. Reihe ausgehend, kehrt der Turm schließlich auf die gleiche Reihe zurück.

Wir beschließen hiermit den Zwei-Türme-Turton und nähern uns zugleich dem Ende des ganzen Turton-Kapitels. Es bleibt nur noch darzulegen, was für eine Bewandtnis es mit dem sogenannten Anti-Turton hat.

Wie man aus Nr. 112 ersieht, ist der Antiturtonsche Zug (2. Lg8:e6)

Nr. 111.
W. v. Holzhausen
D. Wsch. 30. 11. 1924 (16592a)
bei der Lösungsangabe zu Nr. 16592

Matt in 6 Zügen

1. Tc8 f4 2. Th8 f5 3. Thh3 f6 4. T:b3 L:b3 5. Tf3 L∼ 6. Ta3‡

Nr. 112.
Dr. E. Zepler
D. Wsch. 15. 9. 1923

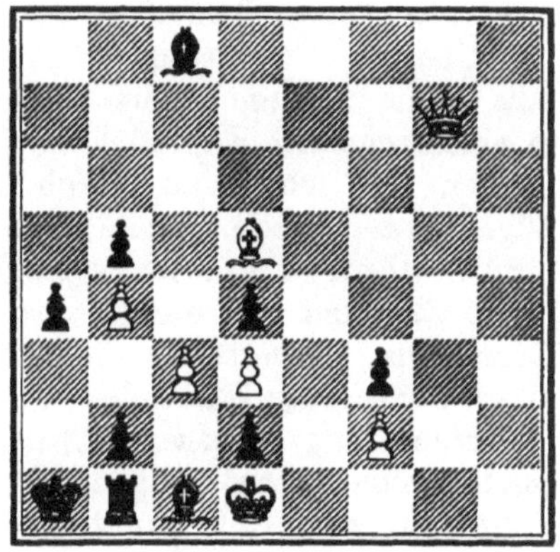

Matt in 4 Zügen

1. Lg8 (droh. 2. Df7) Le6 2. L:e6 a3, d:c3 3. Da7, D:c3 u. s. w.

nichts anderes als die durch den Gegner erzwungene Zurücknahme des Turtonschen Zuges. Nach 1. Lg8 Le6 2. L:e6 ist zwar dem Weißen sein schöner Turtonplan zerstört, dafür hat aber auch Schwarz seine Hauptfigur drangeben müssen, sodaß nun durch Zugzwang eine mühelose Mattführung zustandekommt.

Die Frage der Antiformen wurde von Dr. E. Birgfeld und H. Klüver im Teplitz-Schönauer Kongreßbuch (Juni 1923), dann von F. Palatz im D. Wsch. v. 15. 9. 1923 und von W. Roese in einer kleinen Broschüre (1924) angeschnitten und hat seitdem den Gemütern keine Ruhe gelassen. Es sei mir gestattet, meine persönliche Ansicht über den vielumstrittenen Gegenstand vorzutragen.

Meines Erachtens läßt sich nur für ganz einfache, eindeutige Begriffe eine Antiform aufstellen. Wenn man z. B. einen Verschwender scherzweise als „Anti-Geizhals" bezeichnet, so hat dies Hand und Fuß und wird von jedermann verstanden werden. Wollte man hingegen aus dem komplizierten Charakterbild Wallensteins, wie es Schiller in seinem Drama gezeichnet hat, den Begriff eines „Anti-Wallenstein" ableiten, so wäre das eine leere Wortspielerei — oder man müßte zuvor übereingekommen sein, den Namen Wallenstein als Symbol für eine bestimmte Charaktereigenschaft aufzufassen. So ist es auch im Schach. Nehmen wir zwei Urbegriffe wie Räumung und Sperrung, so können wir sehr wohl den einen als die Antiform des andern ansehen. Aber dem „Römer" z. B. kann man nicht ohne weiteres einen „Anti-Römer" gegenüberstellen. Denn hier haben wir keinen Urbegriff, der von Ewigkeit sein Widerspiel mit sich führt, sondern ein schachtechnisches Schlagwort, unter dem wir einen ziemlich verwickelten Komplex von Ideenelementen zusammenfassen.

Über die Ideenelemente und deren Einteilung will ich später, falls es mir vergönnt ist eine Fortsetzung meiner Arbeit herauszugeben, in einem eigenen Kapitel handeln. Aber schon hier möchte ich bemerken, daß ich grundsätzlich zwischen nützlichen und schädlichen Zügen unterscheide. Diese Unterscheidung müßte dann wohl auch für die „Anti"-Frage maßgebend sein. Bezeichnet man einen nützlichen Zug und den daraus resultierenden günstigen Zustand als die Grundform, so bestünde die Antiform in dem schädlichen Gegenteil dieses Zuges oder Zustandes. Die an sich so natürliche und plausible Unterscheidung zwischen nützlich und schädlich erleidet jedoch eine eigentümliche Verwirrung durch den Pattbegriff. Zur Verhütung der Pattgefahr kann es bekanntlich notwendig werden, daß der Angreifer seine eigene Wirkungskraft abschwächt und die des Gegners erhöht, wie es auch umgekehrt vorkommt, daß der Verteidiger zur Erzielung einer Pattstellung seine beweglichen Streitkräfte immobilisiert. Die Verwirrung wird noch gesteigert, wenn man die Selbstmattaufgaben, die den Begriff von gut und böse erst recht auf den Kopf stellen, mit den übrigen in einen Topf wirft. Um hier reinen Tisch zu machen, muß man also zuvörderst das Selbstmatt ausscheiden, sodann aber auch alle auf Patt oder Pattverhütung gerichteten Manöver beiseite setzen.[1]) Das klingt allerdings wie eine arge Ketzerei; wird doch auf diese Weise der geheiligte Indier, von dem die ganze neudeutsche Bewegung ihren Ausgang nahm, zu einer Anomalie gestempelt.

Es ist jedoch bei einer philosophisch eingestellten Untersuchung der Elemente des Schachspiels kaum zu vermeiden, daß man mit dem Pattbegriff in Konflikt gerät. Denn im Patt steckt ein Stück spielerischer Unlogik, das mit exakter Wissenschaft und überhaupt mit exaktem Denken unvereinbar ist. Bekanntlich beruht der Pattbegriff auf der Bestimmung, daß der König nicht geschlagen, sondern nur mattgesetzt werden darf. Ist es aber nicht eine seltsame Schrulle, im letzten entscheidenden Augenblick die Vernichtung des Königs zu verbieten, wo doch vorher im ganzen Spielverlauf alle Anstalten

[1]) Dies habe ich erstmalig im D. Wsch. vom 30. 6. 1924 (S. 119) ausgesprochen.

gerade hierauf hinzuzielen scheinen? Am deutlichsten zeigt sich der innere Widerspruch beim Schachgebot. Wenn ich Schach biete, drohe ich den feindlichen König zu schlagen. Nun darf ich ihn aber gar nicht schlagen, ich drohe also eigentlich mit einer blind geladenen Pistole. Und dennoch ist der Gegner verpflichtet, die Scheindrohung zu respektieren. Über diesen Widerspruch kommt kein ehrlicher Schachdenker hinweg. Freilich gibt es viele, die das Krause und Verzwickte höher schätzen als die klare Logik; für sie ist das Patt der Inbegriff aller Feinheit im Schach. Doch diese mögen beruhigt sein. In der Praxis will ich weder dem Indier noch dem historisch begründeten Pattbegriff an den Kragen, und auch das Selbstmatt lasse ich in dem ihm zukommenden Rahmen gelten. Nur Klarheit will ich in die verworrene Sache bringen, das ist mein einziges Bestreben.

Nach Ausscheidung des Pattbegriffs ist alles bedeutend einfacher. So z. B. können wir jetzt kurz und bündig sagen: jede Verstellung oder Sperrung ist vom Übel, und kein Mensch, er heiße Weiß oder Schwarz, wird sich ihr freiwillig unterziehen.[1]) Dies gilt nicht bloß von dem eigentlichen Sperrzug, sondern auch von seinem Socius, dem kritischen Zuge. Nützlich dagegen ist die Räumung, die Bahnung, der Anticriticus, der Turton — kurzum alles, was nach Freimachung riecht. Wenn wir, wie vorhin verabredet, das Nützliche als die Grundform und sein schädliches Widerspiel als die Antiform betrachten, so kommen wir zu dem überraschenden Ergebnis, daß der Anticriticus (wiewohl er sprachlich der Stammvater aller Antiformen ist) eine Grundform und der Criticus die dazu gehörige Antiform darstellt. Eine weitere Antithese bildet das nützliche Heranziehen mit dem schädlichen Wegziehen; letzteres, das naturgemäß nur unter feindlichem Zwange geschieht, wird vom Standpunkt des Erzwingenden als Ablenkung oder Weglenkung bezeichnet.

Bei den direkten Manövern, die in der Regel von der weißen und nur ausnahmsweise, nämlich im sogenannten Verteidigungsproblem, von der schwarzen Partei ausgeführt werden, ist für die schädlichen Antiformen von Rechts wegen kein Platz übrig. Die Antiform erscheint hier nur im Probespiel, aber nicht in der wirklichen Lösung. Wenn man z. B. in Nr. 71 den notwendigen Anticriticus 1. Lf6—a1 (mit Überschreitung des Schnittpunktes c3) verabsäumt und statt dessen 1. Lf6—h8 oder 1. Lf6—e5 zieht, so bekommt man anstelle der günstigen antikritischen Konstellation die ungünstige kritische. Ähnliches wurde ja schon an dem Möllerschen Stück Nr. 88 erörtert.

---

[1]) Selbstverständlich rede ich nur von solchen Verstellungen, die um ihrer selbst willen geschehen. Die Verstellung als Begleiteffekt bei anderweitig motivierten Zügen (Beispiel: Kf1 Te2 Lb8 Sh2 Bg4, Kh3 Bh5; 2‡ 1. Te2—e5) kommt hier nicht für uns in Betracht.

Der eigentliche Schauplatz der Antiformen liegt bei den indirekten Manövern. Deren Wesen besteht ja gerade darin, den Schwarzen, wenn man so sagen will, aus der Grundform in die Antiform hineinzuzwingen. Nun könnte aber auch einmal der Gegner den Spieß umkehren und seinerseits den Weißen zu einer ungünstigen Stellungsänderung nötigen. Es entstehen dann Stücke nach Art des Zeplerschen Beispiels 112, wo Weiß zunächst ein Turtonmanöver einleitet, darauf vom Schwarzen zu einem programmwidrigen Anti-Turton gezwungen wird, aber schließlich doch noch über den Widersacher triumphiert. Hier tritt also die weiße Antiform, die sich sonst im Probespiel verborgen hält, tatsächlich im Lösungsverlauf in die Erscheinung. Dafür gehört aber auch die Aufgabe nicht mehr zur logischen Gattung. Denn der Weiße gibt hier zeitweilig das Heft aus der Hand; das Gesetz des Handelns wird ihm vorübergehend (nämlich in dem Intermezzo 1. .... Lc8—e6 2. Lg8:e6) vom Schwarzen diktiert.

Tempospiele.

(Beiderseitiger Zugzwang.)

Das Schach war ursprünglich als Kriegsspiel gedacht. Ist im wirklichen Kampfe die Leistungsfähigkeit von Mann, Roß und Kriegsmaschine an gewisse natürliche Bedingungen und Grenzen gebunden, so wird dies im Schach durch die „Gangart“ der Steine symbolisch zum Ausdruck gebracht. Ob man den Gegner auf dem Schlachtfeld mit einem wirklichen Streitwagen oder auf dem Schachbrett mit einem Rochen niederrennt, das macht im Grunde keinen so wesentlichen Unterschied. In einem Punkte zeigt jedoch das Schach wie jedes ähnlich organisierte Brettspiel einen fundamentalen Gegensatz zur Kriegführung: das ist der Begriff des Zugtempos. Im Schach darf ich nichts unternehmen, solange ich nicht „am Zuge“ bin. Ist aber die Reihe des Ziehens an mir, dann muß ich ziehen, selbst wenn es mir unerwünscht ist, meine Stellung zu verändern.

Hierüber hat sich Dr. Emanuel Lasker in seinem berühmten *Lehrbuch des Schachspiels* (1926) auf S. 131 folgendermaßen ausgesprochen: „Durch den Zugzwang erhält das Schachspiel etwas Kniffliges, etwas Scholastisch-Unwirkliches. In auf Zugzwang gegründeten Kombinationen triumphiert der auf reine Logik gestützte Scharfsinn über die im Schachspiel sonst wirksame Idee der Kraft.“ Diese Betrachtung dehnt dann Dr. Lasker auch auf den Pattbegriff aus: „Ähnlich ist es mit den Kombinationen, die in einem Patt münden. Das Patt entspringt nicht dem Sinne für die Wirklichkeit .... Die Kombinationen, die als Motiv den Zugzwang oder das Patt haben, sind daher ein Tummelplatz für Spitzfindigkeiten.“ Ich zitiere den Passus mit besonderer Genugtuung, weil er die ketzerischen Ansichten, die ich vorhin auf S. 84—85 über das Patt vorgetragen habe, bis zu einem gewissen Grade zu bestätigen scheint.

Wenn man im Problemschach vom Zugzwang spricht, so denkt man gewöhnlich an den Verteidiger, also an die schwarze Partei. Man meint eine Situation, in welcher dem Schwarzen aus der Erfüllung der Zugpflicht entscheidende Nachteile erwachsen. (Diese Definition gebe ich in Anlehnung an Dr. Max Lange, *Handbuch der Schachaufgaben*, S. 315). Zuerst ist jedoch der Weiße am Zuge, und da kann es recht wohl geschehen, daß auch er den Zugzwang zu spüren bekommt: er möchte gern einen Wartezug machen, um die für ihn günstige Situation festzuhalten, aber vergebens sieht er sich nach einem solchen um. Der Witz des Problems liegt dann in der Art und Weise, wie die Verlegenheit vom Weißen überwunden wird.

Zu Weihnachten 1913 bescherte uns der unermüdliche amerikanische Schachschriftsteller Alain C. White — bekannt als Problemsammler großen Stils und hochherziger Förderer der Problemkunst — unter dem Titel *White to play* (*Weiß am Zuge*) eine Sammlung von 100 Zweizügern. Der Titel besagt in lakonischer Kürze, daß hier die Zugpflicht der weißen Partei den Angelpunkt bildet. Ließe man den Schwarzen anziehen, so würde er ohne weiteres im nächsten Zuge mattgesetzt werden [sogenanntes „Satzspiel“[1])]. Da nun aber der Weiße keinen rein abwartenden Zug zur Verfügung hat, muß er eine neue, für Schwarz gleichfalls ungünstige Zugzwangstellung herbeiführen. Je größer der Unterschied zwischen Lösung und Satzspiel, je zahlreicher die neu hinzutretenden und veränderten Mattstellungen, desto besser für das Problem. — Der Genauigkeit halber sei vermerkt, daß A. C. White in seinem Buche, gleichsam als Vorstufe für die eigentlichen „White-to-play“-Aufgaben, auch einige Beispiele bringt, die mit einem gewöhnlichen Wartezug beginnen, also keinen Unterschied zwischen Lösung und Satzspiel aufweisen. Ferner berücksichtigt A. C. White den besonderen Fall, daß Weiß in Ermangelung des Wartezuges zu einer Drohung seine Zuflucht nimmt.

Durch das Whitesche Buch sind die White-to-play-Zweizüger, die vordem nur vereinzelt auftraten, zur großen Mode geworden.[2])

[1]) Diesen wichtigen Kunstausdruck hat Dr. E. Birgfeld aus dem englischen set-play ins Deutsche übertragen.

[2]) Die Sammlung *All change here* (1919) von P. H. Williams und R. Gevers enthält nicht weniger als 325 Zweier mit Wechselmatt!

Neben den Häufungsaufgaben, von denen ich unter Nr. 39 und 40 zwei Beispiele gab, nehmen sie auf dem heutigen Zweizügermarkt eine dominierende Stelle ein. Auch theoretisch wurden sie gründlich erforscht; so ist namentlich die Theorie der „added mates“ und „changed mates“ bis ins kleinste durchgebildet (vgl. H. Weenink, *The Chess Problem*, S. 227 ff.). Ich selbst bin kein Spezialist auf diesem Gebiete und habe von mir aus nichts wesentlich Neues beizutragen. Ich will nur, weil sich hier die Gelegenheit bietet, meine eigene bescheidene Produktion mit kurzen Anmerkungen vorführen, um dann zu den mehrzügigen Tempospielen überzugehen, die den Hauptinhalt des vorliegenden Kapitels bilden.

In dem Zweizüger 113, der sich durch die Einleitung Sf6—g8 Kc6—d5 zu einem Dreizüger erweitern ließe, fügt der Schlüsselzug 1. Le2 die Variante 1. ... Ke4 hinzu, während sonst alles beim Alten bleibt. In Betracht käme auch die Fassung Kf1 Le6 f2 Sb1 d3 Bb3 e5, Ke4 (1. Ld7), die unter Verzicht auf durchgängige Mattreinheit an weißen Bauern spart. — Ähnliches bietet E. Pradignat (*De Amsterdammer* 7. 6. 1896, Probl. Nr. 338): Kc8 Ld3 Sa4 c2 Bb3 e5 f4 g3, Kd5 Be7 f5, 2‡ 1. Le2. Hier findet jedoch die Variante 1. ... e6 im Satzspiel keine Erledigung. Der Anfangszug bei Pradignat ist daher als ein zurechtstellender und zugleich raumgebender Tempozug anzusprechen.

In Nr. 114 erhält der schwarze König zwei neue Ausgangsfelder, sodaß sich seine Beweglichkeit zur „Vierfelderflucht“ steigert.

Nr. 113.
W. v. Holzhausen
Feierstunden (*Kleine Wochenschrift*, Berlin) V. 1899

Matt in 2 Zügen

1. Le2

Nr. 114.
W. v. Holzhausen
Hamburger Nachrichten 4. 7. 1926 (383)

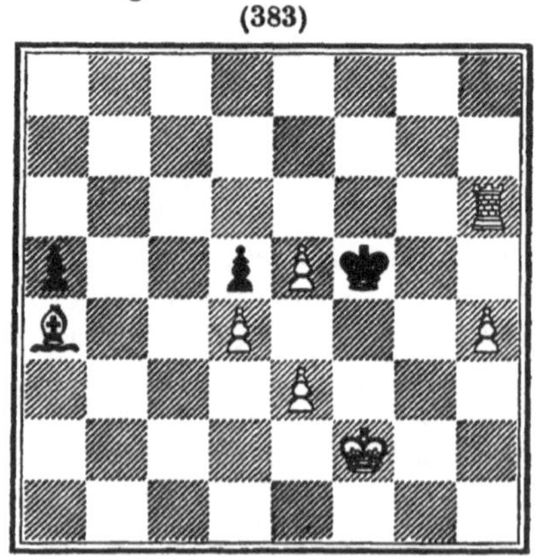

Matt in 2 Zügen

1. Th7

Bei 115 kommt zu den drei Wendungen des Satzspiels die Variante 1. ... c:b4 mit einem neuen Damenmatt hinzu.

In Nr. 116 tritt keine Vermehrung, sondern nur eine Veränderung ein: das Damenmatt des Satzspiels (1. ... D:h4, Dg4, Dc4 2. Db3‡)

Nr. 115.
W. v. Holzhausen
Akad. Schachblätter III. 1901 (15)

Matt in 2 Zügen

1. Tb4

Nr. 116.
W. v. Holzhausen
Darmstädter Tageblatt 8. 7. 1923 (15)

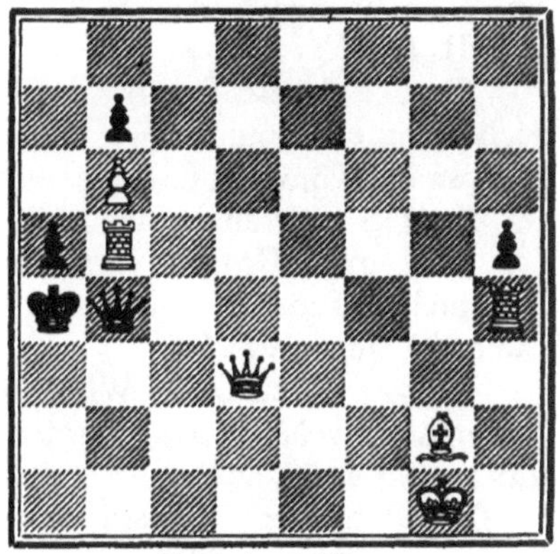

Matt in 2 Zügen

1. Tb:h5

Nr. 117.
W. v. Holzhausen
Lösungsturnier d. Schachklubs Gießen, 26. 3. 1920
D. Wsch. 11. 4. 1920 (15460)

Matt in 2 Zügen

1. Td2

Nr. 118.
W. v. Holzhausen
Hannov. Kurier 24. 6. 1928 (1707)

Matt in 2 Zügen

1. S:e4 K:e4 2. T5:a4‡ (Drohspiel)
1. ... Kc4 2. T3:a4‡

wird in der Lösung durch ein Turmmatt ersetzt, zugleich werden die Varianten 1. ... De4 und 1. ... Df4 bereinigt, d. h. von ihrem Dual befreit. Ganz unberührt bleibt nur die Variante 1. ... Dd4†. Unter den Verführungen verdient 1. Kf1 Dc4! Beachtung. — Die dreizügige Fassung Kf1 Dd3 Tb5 h4 Bb6 e3 f5, Ka4 Db4 Ba5 b7 h6 (1. f6 h5 2. Tb:h5) erschien schon am 18. 12. 1904 unter Probl. Nr. 6056 im *Deutschen Wochenschach*. Auch dort liegt der Schwerpunkt in den Verführungsspielen, z. B. 1. f6 h5 2. f7 Dc4! oder 1. Ke2 h5 2. Kd1 Dg4†.

Nr. 117 dürfte das beste Stück der ganzen Serie sein. Hier bereichert und verändert sich das Spiel bei den Zügen des Sc5, überdies bekommen König und Bauer ein Ausgangsfeld frei.

Nr. 118 endlich ist mein einziges Beispiel für den Übergang vom Zugzwang zum Drohmechanismus. Dabei wird das Vertikalmatt des Satzspiels (Ta5—d5, Ta3—d3‡) in ein Horizontalmatt (Ta5:a4, Ta3:a4‡) umgewandelt.

Weitere zweizügige White-to-play-Aufgaben finden sich in den *Brennpunktprobl.* v. 1926 unter Nr. 7, 13, 14, 41 und 42, doch stammen sie mit Ausnahme von 13 von fremden Verfassern.

Bei den vorstehenden Darlegungen habe ich mich immer des englischen Schlagworts bedient. Ja, haben wir denn dafür keinen deutschen Ausdruck? Gewiß, wir haben sogar zwei, die miteinander in Konkurrenz stehen, und eben dies ist der Grund, weswegen ich vorerst keinen von beiden benutzte. W. Pauly und Dr. E. Birgfeld verdeutschen White to play durch Zugwechsel. Das will besagen, daß der lästige Zugzwang vom Weißen zum Schwarzen hinüberwechselt. Für den Laien ist dies freilich nicht ohne weiteres verständlich, da man doch unter Zugwechsel für gewöhnlich das abwechselnde Ziehen der beiden Parteien, wie die Spielregel es vorschreibt, zu verstehen pflegt. Indessen wiegt dieser Einwand wohl nicht allzu schwer. Wer sich mit der Problemkunst näher befassen will, der muß eben lernen, daß „Zugwechsel" hier in einem besonderen Sinne gebraucht wird — wie ja auch das englische White to play erst nach näherer Erläuterung verständlich ist. Dr. F. Palitzsch hingegen wählt die Bezeichnung Planwechsel. Diese ist an und für sich klar, doch trifft sie nicht den Tempocharakter der in Rede stehenden Probleme. Ein Planwechsel kann schließlich auch durch andere Umstände diktiert werden als durch den Tempozwang. Wenn somit das Wort Planwechsel über den Begriff des White to play hinausgeht, so füllt es ihn hinwiederum anderwärts nicht vollständig aus. Bei einer Aufgabe wie 113 liegt eigentlich kein Planwechsel vor; es kommt bloß eine kleine Variante hinzu, im übrigen bleibt das Satzspiel unverändert. Wohl aber kann man bei 116 von einem Planwechsel reden, insofern der ursprüngliche Plan (das Damenmatt auf b3) vom Weißen aufgegeben und durch einen ganz anderen ersetzt wird. Wenn man diese Seite der Aufgabe betonen will, dann ist natürlich nur der Palitzsch-sche Ausdruck am Platze. Daraus möchte ich den Schluß ziehen, daß beide Ausdrücke, je nach Umständen, ihre Berechtigung haben. Als Gattungsname für die ganze Aufgabengruppe dürfte allerdings „Zugwechsel-Problem" den Vorzug verdienen. — Neuerdings begegnet man auch öfters der Bezeichnung „Zwangzüger" oder „Zwangszüger", die auf einen Artikel von Dr. A. Kraemer im Teplitz-Schönauer Kongreßbuch zurückgeht.

Die Wertschätzung, die der Zugwechsel-Zweier heute überall genießt, hat in der Tat ihre guten Gründe. Im allgemeinen wird eine Aufgabe dieser Gattung schwerer zu lösen sein als ein gewöhnlicher Zweizüger. Denn das Satzspiel mit seinen verlockenden Möglichkeiten hält den Löser eine Zeitlang im Bann, bis er es allmählich als Trugbild erkennt und ihm zögernd und widerstrebend den Rücken kehrt.[1]) Jedenfalls aber wird es zuvor in seinem ganzen Umfang vom Löser ausgekostet, und in diesem Sinne kann man sagen, daß hier in einem Diagramm ein doppelter Inhalt (nämlich Satzspiel plus Lösungsspiel) verborgen ist. Hierauf hat zuerst E. Brunner in seiner Abhandlung über „Zweispänner" in Ranneforths Schachkalender 1927 aufmerksam gemacht.

Wird im Zugwechsel-Zweier der anziehende Schwarze sofort mattgesetzt, so müßte er in einem analog konstruierten Dreier oder Vierer einer zwei- bzw. dreizügigen Mattführung unterliegen. So z. B. würde in Nr. 119 Schwarz am Zuge (1. ... Kb2) durch 2. Sd3† Ka3, Ka1 3. Da7‡ matt werden. Weiß kann jedoch die Stellung nicht festhalten und muß sich entschließen, mittels 1. Dg7! den feindlichen König nach d2 und noch weiter hinaus ins Freie zu lassen. 1. De5 ist untauglich, weil dann die Variante 1. ... Kb2 keine Erledigung findet. 1. Df6 aber ist zu nah und 1. Dh8 zu weit, um dem bis e3

Nr. 119.
W. v. Holzhausen
Berliner Nachtausgabe 28.12.1927 (20)

Matt in 3 Zügen

1. Dg7 Kd2 2. S:b3† Ke3 3. Dg3‡
1. ... ... 2. ... Ke1 3. Dg1‡
1. ... ... 2. ... Kd3 3. Dd4‡
1. ... Kb2 2. Sd3† K∼ 3. Da7‡

[1]) Darum hat auch Dr. E. Birgfeld seiner großen Sammlung von Zugwechsel-Selbstmatt-Aufgaben (1922) den Titel *Fata Morgana* gegeben.

oder e1 entschlüpften König ein Frontalmatt versetzen zu können. Leider fehlt hier der weiße König, was denn auch bei den Lösern das zu erwartende Ärgernis erregt hat. Ihn so aufzubauen, daß er keinen Tempozug hat, ist unter den gegebenen Umständen unmöglich. Wollte man ihn aufs Brett bringen, so müßte man entweder zu einer Raumerweiterung greifen (w. Kh2 Bi3, schw. Bh3 i4) oder auf den Schlüsselzug 1. Dd4—g7 verzichten.[1])

Bei komplizierteren Stellungen dieser Art besteht jedoch die Gefahr, daß die Aufgabe gelöst wird, ohne dem Löser ihr Satzspiel enthüllt zu haben — und damit wäre natürlich der ganze Witz dahin. Das ist ja gerade der Vorzug des Zugwechsel-Zweiers, daß er ein so kurzes Satzspiel hat. Das einzügige Satzspiel-Matt wird selbst dem blödesten Auge nicht entgehen! Dieses Vorzugs können aber auch Probleme von höherer Zügezahl teilhaftig werden. Hiermit gelangen wir zu den sogenannten Pseudo-Zweizügern, von denen der folgende Abschnitt handeln soll.

Pseudo-Zweizüger.

Als ich vor sieben Jahren das Kapitel „Tempospiele" niederschrieb (inzwischen ist freilich mancherlei Material hinzugekommen, doch sind die Grundzüge meiner Arbeit unverändert geblieben), da gab es den Ausdruck „Pseudo-Zweizüger" noch nicht. Ich habe ihn erst durch das Weeninksche Werk kennengelernt und mache mir ihn gern zu eigen, weil dadurch langwierige Umschreibungen gespart werden. Aber nicht von dem ganzen Komplex des Pseudo-Zweizügers soll hier die Rede sein, sondern hauptsächlich von jener thematisch wichtigeren Form, die Kohtz als „Abwälzung der Zugpflicht" zu bezeichnen pflegte, die also im eigentlichsten Sinne dem Begriff des Zugwechsels entspricht. Bei dieser Problemgattung finden wir nach einer Reihe von Zügen beide Parteien in die Anfangsstellung zurückgekehrt, nur hat Weiß einen Zug mehr verbraucht als der Schwarze, sodaß die Zugpflicht nunmehr auf den Gegner übergegangen ist. Da bis zur Rückkehr in die Anfangsstellung mindestens zwei schwarze und drei weiße Züge erforderlich sind und dann noch der Mattzug hinzuzuzählen ist, so beläuft sich das Minimum der Zügezahl notwendigerweise auf vier.

Der Vollständigkeit halber sei auch die andere Form des Pseudo-Zweizügers an zwei Beispielen kurz erläutert. In einem Fall wie 120 scheint mir wieder einmal die Bezeichnung „Planwechsel" besser zu

[1]) Mein geschätzter Magdeburger Klubkamerad, der bekannte Problemmeister R. L'hermet, brachte in der *Magdeburgischen Zeitung* vom 1. 4. 1928 unter Probl. Nr. 1922 folgende Variation: Kb6 Dg7 Sc3 c5 Bb4 b5, Kc1 Bb3 c2. Hier beginnt die Lösung mit dem Wartezug 1. Kb6—c6.

passen. Denn Weiß überwindet die Verlegenheit nicht durch ein Tempospiel, sondern hilft sich auf andere Weise. Infolgedessen gilt hier auch nicht der Satz von dem vierzügigen Minimum. — Nr. 120 stammt aus dem Jahre 1904, blieb aber bisher unveröffentlicht. Für das „White to play" hatte man damals noch nicht so viel übrig! Zwei ganz ähnliche Fassungen, die jedoch keine Pseudo-Zweizüger sind (Ke1 Da6 Tg5 Ba7, Ka8 Ld8 Be2 und Ke3 Da3 Td5 Ba7, Ka8 Sb7) erschienen im *Deutschen Wochenschach* vom 20. 11. 1904 und 11. 12. 1904 unter Probl. Nr. 6027 bzw. 6027a.

Nr. 120.

W. v. Holzhausen

Vgl. D. Wsch. 20. 11. 1904 (6027)

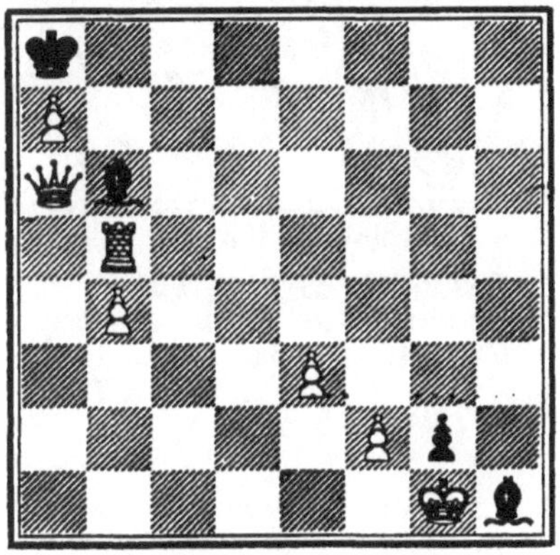

Matt in 3 Zügen

1. Ta5 L:a5 2. D:a5 Kb7 3. a8D‡ (Nach 1. Dc8† K:a7 wäre Weiß abermals in Zugnot)

Nr. 121.

Dr. E. Zepler

Chemnitzer Tageblatt 22. 4. 1928 (802)

Matt in 3 Zügen

1. Se7 droh. 2. Tf:e3† Kf4 3. Sg2‡
1. ... Tg6 2. Sf5 T∼ 3. Sd6, Sg3‡

In Nr. 121 wird durch die Züge 1. Sd5—e7 Tc6—g6 2. Se7—f5 die ursprüngliche Brennpunktstellung schw. Tc6 w. Sd5 mit der neuen Brennpunktstellung schw. Tg6 w. Sf5 vertauscht und dabei das Tempo für Weiß gewonnen. Die beiden Parteien kehren zwar nicht genau in die Anfangsstellung, wohl aber in das Spiegelbild der Anfangsstellung zurück. Somit bildet die Zeplersche Aufgabe einen passenden Übergang zu dem jetzt zu erörternden Haupttypus des Pseudo-Zweizügers.

Den Vortritt habe Samuel Loyd mit seinem symmetrisch-doppelwendigen Reigen der beiden Könige. Während der schwarze König einfach hin- und herzieht, beschreibt der weiße ein Dreieck, verbraucht also 3 Züge, um auf sein altes Standfeld zurückzukommen.

Nr. 122.

S. Loyd

Detroit Free Press 8. 9. 1883 (1537)

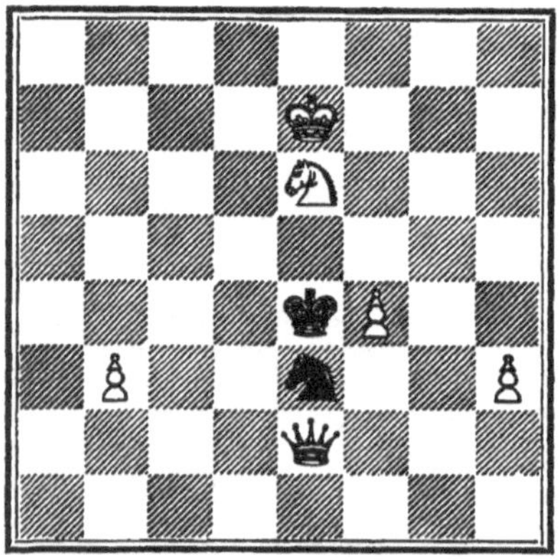

Matt in 4 Zügen

1. Ke8 Kd5 2. Kd7 Ke4 3. Ke7
1. ... Kf5 2. Kf7 Ke4 3. Ke7

Nr. 123.

W. v. Holzhausen
nach P. A. Orlimont

D. Wsch. 29. 3. 1914 (11968)
Widmung an A. C. White

Matt in 6 Zügen

1. Tc3 (droh. 2. Lb3) Tb2 2. Kg1 Tb6 3. Kh1 (droh. 4. Lb3) Tb2 4. Kh2 Tb6 5. Lb3
1. ... ... 2. ... h2† 3. Kh1 Tb6 4. Lb3 nebst 5. ≠

Das Thema „Dreiecksmarsch des weißen Königs zwecks Abwälzung der Zugpflicht“ gibt mir Veranlassung, hier ein Problem (Nr. 123) einzufügen, das eigentlich nicht in den Abschnitt Pseudo-Zweizüger gehört. Denn wir haben hier einen vorgebauten Einleitungszug, und nach Ausführung dieses Zuges liegt ein Pseudo-Dreizüger vor, der durch das Abwälzungsmanöver zu einem Fünfzüger wird, sodaß sich die Gesamtzügezahl — einschließlich des Einleitungszuges — auf sechs beläuft.

Das eigentliche Tempospiel beginnt im 2. Zuge und endet mit dem 4. Zuge des Weißen. Hierbei bewegt sich der weiße König in dem Dreieck g1—h1—h2, indes sein Gegenspieler, der schwarze Turm, von b2 nach b6 und dann wieder zurück nach b2 wandert. Im ganzen wird das Feld b3 sogar viermal in abwechselnder Zugrichtung vom schwarzen Turm überschritten. Die Turmzüge nach unten sind jedesmal durch die Drohung Le6—b3 erzwungen, die Turmzüge nach oben hingegen durch Zugzwang.

Die Grundlage für 123 gab der hier abgebildete Fünfer von P. A. Orlimont. Aus ihm habe ich den Anfangszug mit seiner Drohung unverändert entlehnt, ebenso auch den „antikritischen“

Verteidigungszug, durch den der schwarze Turm der ihm drohenden Aussperrung vorbeugt. Zur „kritischen“ Zurückholung des Turmes dient bei Orlimont ein Damenopfer oder genauer: der Abtausch der Dame gegen den nach h1 vorgedrungenen Bauern. Die Erwägung, daß es einer so gewaltsamen Zurückholung gar nicht bedarf, daß vielmehr der bloße Zugzwang genügt, um den Turm von seinem Verteidigungsposten zurückzutreiben, hat mich dazu geführt, die Orlimontsche Aufgabe in ein Tempospiel umzuwandeln.

Nr. 124.

P. A. Orlimont

[V.] Akad. Monatsheft für Schach XII. 1913—I. 1914 (288)

Matt in 5 Zügen

1. Tg6 (droh. 2. Lh6) Th7 2. D:f3 h1D 3. D:h1 T:h1 4. Lh6

Nr. 125.

W. v. Holzhausen

D. Wsch. 25. 6. 1911 (10187)

Matt in 4 Zügen

1. Df1 Lg8, Lc4 2. Dd1 Le6 (Le2) 3. De2

Außer dem König ist nur noch die Dame zur Ausführung eines dreieckigen Manövers geeignet, und von ihr soll auch gleich das nächste Beispiel handeln.

Der symmetrische Aufbau von Nr. 125 läßt auf den ersten Blick einen die Symmetrie festhaltenden Anfangszug vermuten. Nur widerstrebend entschließt sich der Löser, die Symmetrie aufzuheben; denn bei einem Zuge wie 1. Df1 drängt sich sofort die Frage auf, warum nicht ebensogut 1. Dd1 geschehen könne. In Wirklichkeit scheitert 1. Dd1 Lc8 2. Df1 an Lc8—a6, wogegen nach den Zügen 1. Df1! Lg8 2. Dd1 die entsprechende Verteidigung Lg8—i6 aus dem Rahmen des 64feldrigen Brettes herausfällt.

Trotz der symmetrischen Figurenstellung haben wir also hier einen asymmetrischen Lösungsbeginn. Die Ursache dieser Erscheinung, die man als „Scheinsymmetrie“ oder, nach G. Ernst (Ranneforths Schachkalender 1913, S. 36—37), als „unechte Symmetrie“ zu bezeichnen pflegt, liegt in der Asymmetrie des Schachraumes. Unser Schachbrett, wie überhaupt jedes quadratische Brett von gerader Felderzahl, hat nämlich in der Vertikalen und Horizontalen keine Mittelreihe; nur in der Schrägen a1—h8 oder h1—a8 ist eine solche vorhanden.[1])

Als Beispiel der echten (Vertikal-) Symmetrie sahen wir vorhin das Loydsche Problem Nr. 122. Dort besteht natürlich die gleiche Asymmetrie des Schachraumes, doch ist sie für die Lösung von keiner Bedeutung. Ohne die Lösung irgendwie zu berühren, könnte man bei Loyd die a-Linie wegfallen lassen oder die i-Linie hinzufügen und so den Schachraum wirklich symmetrisch machen. Dagegen würde Nr. 125 durch den Wegfall der a-Linie doppellösig und durch die Hinzufügung der i-Linie unlösbar werden.

Die echte Symmetrie spaltet sich nach einem längs der Symmetrieachse verlaufenden Anfangszuge in zwei spiegelbildliche Varianten; die unechte spaltet sich von vornherein in zwei spiegelbildliche Spielweisen, nämlich in die wirkliche Lösung und in das Verführungsspiel.

Nr. 126.

G. L. de Boer

Sissa 1866

Matt in 4 Zügen

Lösung wie bei 122, dazu die Variante

1. ... L:b3

2. Da1† Kf5 3. Dg1 u. 4. Dg5‡

2. .... Kd5 3. Kd7 u. 4. Dd4‡

Einige Monate nach dem Erscheinen der Aufgabe Nr. 125 wurde aus einer verschollenen ausländischen Schachzeitschrift eine Vorgängerin ans Licht gezogen. Sie stammt von einem älteren holländischen Komponisten, dessen spärliche Produktion sich fast ausschließlich auf dem Gebiete der Symmetrie bewegte. Die Stellung ist eigentlich Kd7 Dd2 Ba4 b6 d3 f6 g3, Kd5 Ld6 Ba5 b7 d4 f7 g4 g5; ich habe sie aber auf dem Diagramm umgedreht, um den Vergleich mit Nr. 125 zu erleichtern.

Wie man sieht, stimmen die beiden Stücke in Stellung und Lösung nahezu vollkommen überein. Doch ist die Begründung, weshalb 1. Df1 und nicht 1. Dd1 geschehen muß, bei de Boer nicht so klar

[1]) Inzwischen ist das Thema der Scheinsymmetrie in dem A. C. Whiteschen Weihnachtsbuch v. 1927 unter dem Titel *Asymmetry* vom T. R. Dawson und W. Pauly eingehend erörtert worden.

herausgebracht. Zunächst scheitert der Versuch 1. Dd1, wie bei 125, an 1. ... Lc8 2. Df1 La6 (3. De2 Kd5). Aber auch 1. ... Lh3 genügt zur Abwehr. Denn die Fortsetzung 2. Di1† ist wegen der Brettgrenze unmöglich, und selbst wenn sie möglich wäre, ließe sich nach den weiteren Zügen 2. ... Kd5 3. Dc1 L∼ kein Matt auf c5 anbringen. Die Auswahl zwischen 1. Df1 und 1. Dd1 ist also nicht allein durch die Asymmetrie des Schachraumes bedingt; es spielt schließlich auch noch die ungleichmäßige Bauernstellung mit hinein. Das Streben nach Variantenvermehrung — es betrifft die Lösungsvariante 1. Df1 L:b3 und die Verführungsvariante 1. Dd1 Lh3 — hat den holländischen Komponisten hier irregeleitet, denn er hat diesem Streben die äußere und innere Klarheit des Problemgedankens geopfert. Muß ich auch nach dem Prioritätsgesetz den größten Teil meines Urheberrechts an de Boer abtreten, so darf ich doch den Wunsch aussprechen, daß die Aufgabe in der Fassung 125 weiterleben möge.

Ein weiteres Beispiel für die Abwälzung der Zugpflicht findet man an früherer Stelle. Es ist Nr. 29 von Dr. H. Rotzoll, wo der weiße Läufer in 3 Zügen (Lf5—h7—g6—f5) und die schwarze Dame in 2 Zügen (Dd8—d5—d8) zur Anfangsstellung zurückkehrt. Auch auf den Siebenzüger von Kohtz u. Kockelkorn, Nr. 44 der *Brennpunktprobl.* v. 1926, sei hier erneut hingewiesen.

Gewöhnliche Tempospiele.

Schneidet man im Pseudo-Zweizüger den 1. Zug von Weiß und Schwarz hinweg, so bleibt immer noch ein Tempoproblem übrig. Um dies recht deutlich zu ersehen, wolle der Leser auf das Rotzollsche Stück Nr. 29 zurückblättern. Nehmen wir hier Lf5—h7 Dd8—d5 als geschehen an, dann bekommen wir einen Dreizüger mit der Lösung 1. Lh7—g6 Dd5—d8 2. Lg6—f5, der in dem Verführungsspiel 1. Lh7—f5 Dd5—d8 2. ?? eine immer noch hinreichende Pointe besitzt. Nun ja, wird vielleicht mancher sagen, das ist eben eine verstümmelte, minderwertige Abart der regelrechten klassischen Darstellungsform. Indessen kommt es hier ganz auf die Auffassung an. Wer heißt uns denn die dreizügige Form aus der vierzügigen ableiten? Können wir nicht ebensogut die dreizügige Form als die Normalform ansehen? Ich erinnere, um ein Beispiel aus einem anderen Gebiet anzuführen, an das vollständige Umkreisungsmanöver Tc3—c8—h8—h3 in Nr. 111 und an das kürzere Umgehungsmanöver Td8—h8—h4 in Nr. 110. Wer wird letzteres als eine „Verstümmelung" auffassen? Im Gegenteil, wir betrachten die zweizügige Umgehung als die Normalform und die dreizügige Umkreisung als eine Art Aufblähung des

Herlinschen Gedankens. So verhält es sich auch mit unseren Tempoproblemen. Nicht so sehr auf den steifen und anspruchsvollen „Pseudo-Zweizüger“ sollte man sehen als auf das einfachere und desto wandlungsfähigere „gewöhnliche Tempospiel“. Da wird man überrascht sein, was für ein ergiebiges Arbeitsgebiet sich eröffnet!

Tempoprobleme dieser Art hat es wohl von jeher gegeben, von ihrer systematischen Durchforschung ist mir jedoch nichts bekannt. Das Manko dürfte folgendermaßen zu erklären sein. Die angloamerikanische Richtung, der wir sonst eine so große Förderung der Zugzwangtheorie zu verdanken haben, ging nun einmal vom *White to play* und zwar speziell vom Zugwechsel-Zweier aus. Von diesem führt wohl ein direkter Weg zum Pseudo-Zweizüger, aber den Seitensprung vom Pseudo-Zweizüger zum gewöhnlichen Tempospiel konnte jene Schule nicht vollziehen. Denn dabei geht ja das Zugwechselprinzip verloren — oder vielmehr, es verflüchtigt sich aus der Anfangsstellung des Problems an eine bestimmte Stelle des Probespiels — und damit war der Untersuchung eine Grenze gesetzt. Ich konstatiere dies als eine natürliche Folge der obwaltenden Betrachtungsweise, ohne darüber einen Vorwurf zu erheben. Auch die neudeutsche Schule hat ihre gebundene Marschroute und läßt alles abseits Liegende unberücksichtigt.

Ursprünglich wollte ich mit einem kleinen dreizügigen Läuferstück beginnen. Nun habe ich es aber schon in dem Kapitel über Logik und Zweckreinheit unter Nr. 28 vorweggenommen und wähle daher als erstes Beispiel ein anderes, gleichfalls ganz einfaches Problem, ein Königsstück von Bayersdorfer, dem ich dann noch zwei Königsstücke folgen lasse. Auch weiterhin sind die Aufgaben nach Akteuren geordnet: wir werden der Reihe nach den Bauern, den Läufer, den Turm und die Dame als Träger des Tempogedankens zu sehen bekommen. Aus den *Brennpunktproblemen* v. 1926 seien die Nummern 18, 19, 22 und 37 als hierher gehörig erwähnt.

Nr. 127.

A. Bayersdorfer

Bayersdorfer-Buch, 1902 (10)

Matt in 3 Zügen

1. Kd8 Ka7 2. Kd7 Kb6 3. Sc8‡
1. … … 2. … Kb8 3. Sc6‡

Während bei Loyd (Nr. 122) beide Könige in die alte Stellung zurückkehren, handelt es sich bei Bayersdorfer (Nr. 127) um die

Neuaufstellung des weißen Königs auf d7. Um jedoch das Feld d7 mit Nutzen zu erreichen, muß der König von vornherein einen Umweg machen. Bei Wahl des kürzesten Weges würde er sich in ein falsches Tempoverhältnis setzen, und das wäre ein unwiederbringlicher Nachteil, denn jene Neuaufstellung ist so beschaffen, daß sie dem Weißen keinen nachträglichen Tempozug mehr offenläßt.

Das Wort Neuaufstellung, das ich soeben gebraucht habe, besagt soviel wie Zurechtstellung, und dadurch fällt auf unsere beiden Gruppen — Pseudo-Zweizüger und gewöhnliche Tempospiele — ein neues Licht. Allgemein bekannt ist die Unterscheidung zwischen dem rein abwartenden und dem zurechtstellenden Tempozuge, auf englisch *complete waiter* und *incomplete waiter*. Was nun aber von dem einzelnen Tempozuge gilt, das muß sich analogerweise auch auf das mehrzügige Tempospiel anwenden lassen. Somit könnte man sagen, daß dem Pseudo-Zweizüger das Prinzip des rein abwartenden Tempospiels zugrunde liegt. Denn es wird ja keine Stellungsänderung, sondern bloß ein Wechsel im Tempoverhältnis angestrebt. Indem der Weiße durch ein mehrzügiges Manöver die Zugpflicht auf den Gegner abwälzt, leistet er dasselbe, als wenn er einen reinen Wartezug vollbrächte. Dagegen beruht das gewöhnliche Tempospiel, insofern es mit einer weißen Stellungsänderung Hand in Hand geht, auf dem Prinzip der Zurechtstellung.

Bei 128 ist ein themafremder, aber doch nicht ganz wertloser Einleitungszug vorgebaut; das Tempospiel setzt daher erst im 2. Zuge ein. Ungeachtet des Schachs, das ihn dort erwartet (*vor'm Schachdolch nimmer bang*, sagt L. v. Bilow in seiner poetischen Lösung zu einer Aufgabe von Kohtz u. Kockelkorn), begibt sich der weiße König nach f4, den problemmäßig raumgebenden Entscheidungszug Kg5 für das folgende Tempo aufsparend. Die Bauern auf d6 und d7 sind leider notwendig, um die Nebenlösung 1. De2 Sb4 2. S:d5 K:d5 3. De6† zu verhüten.

Ein weiteres Tempospiel mit dem weißen König findet sich in Nr. 129, einem vierzügigen Sprößling der Dreizügergruppe 11—13. Die Hauptvariante 1. ... a2 2. ... a:b1D erfordert zu ihrer Erledigung, daß Weiß im 3. Zuge den Läufer auf f7 und den König dahinter in Deckung auf f8 postiert habe. Diese Aufstellung läßt sich schon in 2 Zügen erreichen, aber umso mehr ist Vorsicht geboten. Der Läufer muß offenbar bis zuletzt den Ausblick nach d1 behalten; erst wenn a:b1D geschehen und somit K:b1 ausgeschlossen ist, darf er sich von der Linie h5—d1 entfernen. Also ist zuerst der König zu ziehen. Geschieht sofort Kf8, dann fehlt nach 1. ... a2 dem Weißen das notwendige Tempo. Mithin ist ein Umweg zu wählen, und zwar über g8, nicht etwa über f7, denn das Feld f7 muß im Hinblick auf die letzte Lösungszeile jederzeit für den Läufer offenbleiben.

Nr. 128.
W. v. Holzhausen
D. Wsch. 1. 5. 1904 (5773)

Matt in 4 Zügen

1. De2 Sb4 2. Kf4 Sd3†
3. Kg5 Sb4, K∼ 3. Sf5‡
1. ... Se1 2. D:e1 Kd3
3. Kf4 usw.

Nr. 129.
W. v. Holzhausen
D. Wsch. 8. 6. 1919 (15199)

Matt in 4 Zügen

1. Kg8 a2 2. Kf8 a:b1D
3. Lf7 D∼ 4. Da2‡
1. ... ... 2. ... K:b1
3. Dh1† K:c2 4. Dd1‡
1. ... K:b1 2. Dh1† Ka2
3. Lf7† d5 4. L:d5‡

Nr. 130.
W. v. Holzhausen
[V.] D. Wsch. 19. 6. 1910 (9592)

Matt in 7 Zügen

1. c3 Kh8 2. c4 Kh7 3. c5 Kh8 4. c6 Kh7 5. c7 Kh8 6. c8D† Kh7 7. Dg8‡

Nr. 131.
W. v. Holzhausen
Armee-Schachztg. VIII.-IX. 1906 (354)

Matt in 4 Zügen

1. Lc2 e4 2. Ld1 e3 3. Le2
1. ... L∼ 2. Ld1 Lf4 3. Le2

Für das Tempospiel mit dem Bauern diene die endspielartige Position 130 als Beleg. Will der Weiße hier möglichst schnell mattsetzen, so muß er gleich anfangs mit 1. c3 einen Zug verlieren, denn später, nach 1. c4 Kh8 ... 4. c7 Kh7, ist das Tempo nicht mehr so billig zu haben, es dauert dann 8 Züge bis zum Matt.[1]) Ein besonderes Interesse kann jedoch dieses Herabdrücken der Lösung von 8 auf 7 Züge nicht beanspruchen. Das Stück besitzt weder die künstlerische Feinheit eines Problems noch den belehrenden Wert einer Spielendung, es ist ein unglückliches Zwittergeschöpf. Über diese Art von Aufgaben hat schon Dr. Max Lange in seinem *Handbuch* (S. 27) mit Recht den Stab gebrochen.

Ähnlich wie Nr. 28 enthält auch 131 ein Duell zwischen den feindlichen Läufern, nur dauert es hier einen Zug länger, weil der weiße Läufer seine Wirksamkeit von der Schrägen b1—h7 auf die Parallele d1—h5 verlegen muß. Bei dem nächstliegenden Versuch 1. Ld3 e4 2. Le2 e3 käme die Sache auf den berühmten toten Punkt, folglich muß der Läufer mit seinem Umgehungsmanöver weiter ausholen.

Nr. 132.

W. v. Holzhausen

Festschrift des Akad. Schachklubs München, 1906

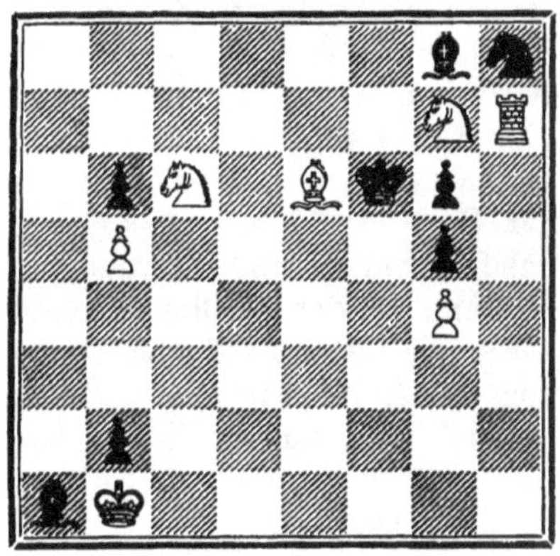

Matt in 4 Zügen

1. Lc4 Lf7 2. Ld5 L:d5
3. Se8† Ke6 4. Te7‡
1. ... L:c4 2. Se8† Ke6
3. Te7† Kd5 4. Te5‡

Ein kunstvolleres Beispiel der Läuferstrategie bietet Nr. 132. Hier muß der weiße Läufer seinen Standort verlassen, um die Drohung Se8‡ zur Geltung zu bringen, und zwar kommt für ihn in erster Linie das Feld d5, in zweiter Linie das Feld c4 in Betracht. Läßt er sich nämlich auf d5 schlagen, so wird es in 2 weiteren Zügen Matt; läßt er sich auf c4 schlagen, so wird es erst in 3 Zügen Matt. Es ist jedoch wohl zu bedenken, daß der Schwarze das Schlagen noch hinausschieben und zunächst durch 1. ... Lf7 das Mattfeld e8 decken kann, wonach Weiß zum abermaligen Ziehen des Läufers genötigt ist. Jetzt

[1]) Zugverlust und Tempogewinn sind keine Gegensätze, vielmehr ist der Zugverlust das Mittel zum Tempogewinn. Denn der Tempogewinn besteht darin, daß man statt einer ungeraden Zügezahl eine gerade oder statt einer geraden Zügezahl eine ungerade verbraucht, und das wird durch das Verlieren oder Verschwenden eines Zuges erreicht.

ist es aber für den weißen Läufer die höchste Zeit, das „gute“ Feld d5 zu betreten; auf dem „minder guten“ c4 hat er in dem vorgerückten Stadium der Lösung nichts mehr zu suchen. Daraus folgt, daß zuerst Le6—c4 geschehen muß, um d5 für den folgenden Zug aufzusparen.

Das Verführungsspiel 1. Ld5 hat gewissermaßen ein kurzes und ein langes Bein, nämlich die dreizügige Variante 1. ... L:d5 2. Se8† Ke6 3. Te7‡ und die fünfzügige Variante 1. ... Lf7 2. Lc4 L:c4 3. Se8† Ke6 4. Te7† Kd5 5. Te5‡. In der wirklichen Lösung sind beide auf 4 Züge ausgeglichen, indem der Variante mit 1 Läuferzug (2. Lösungszeile) das längere, der Variante mit 2 Läuferzügen (1. Lösungszeile) das kürzere Matttreiben zugeteilt ist. Beide Matttreiben aber führen zu einem ähnlichen Abschluß: Turmmatt, vom Springer gestützt, wobei der schwarze Läufer seinem König jedesmal ein Fluchtfeld versperrt.

Genau der gleiche Gedanke, freilich mit einem ganz anderen Mechanismus, findet sich in Nr. 133 wieder. Die Mattführung mit der Dame wirkt entschieden etwas schwerfälliger als die frisch-fröhliche Springer- und Turmjagd in dem vorigen Stücke. Auch ist die Stellung minder gefällig, insonderheit stört die lange doppelte Bauernkette, die dazu dient, der Dame die Felder g2, f3, e4, d5 und c6 unzugänglich zu machen.

Hier ist, um der Kürze halber die vorigen Ausdrücke zu wiederholen, c5 das „gute“ und d4 das „minder gute“ Feld für den weißen Läufer. Geschieht sofort Lc5, so käme es zwar bei 1. ... L:c5 2. Dh1 zu einem dreizügigen Matt. Aber nach 1. ... Lb6 wäre Weiß in Verlegenheit, denn der direkte Angriff 2. Dh1 führt wegen b5—b4 nicht zum Ziel, mit dem weißen König aber läßt sich kein Tempo gewinnen und die Fortsetzung 2. Ld4 L:d4 3. Dh1 verzögert wieder das Matt bis zum 5. Zuge.

Noch ein drittes Beispiel ähnlicher Art (Nr. 134) habe ich vorzulegen. Bei anspruchsloserem Aufbau steht es hinter den beiden Vorgängern zurück durch den farblosen Bauernzug g4—g3 im ersten Spiele und durch den Klippklapp-Schluß der zweiten Lösungszeile. Vorbedingung für die richtige Lösung ist die Erkenntnis, daß die Felder f5 und h7 für den Läufer ungeeignet sind (1. Lf5,Lh7 Da4 2. K:d2 Df4†,Dd7†). Es verbleiben hiernach die Felder e4 und g6, um vom Läufer in umgekehrter Reihenfolge bezogen zu werden.

In Nr. 135, womit wir zu einem anderen weißen Akteur übergehen, muß der Turm mit seinen Zügen sparsam haushalten und darf daher nur schrittweise an sein Bestimmungsfeld heranrücken. Das Stück ist übrigens von recht hölzerner Konstruktion: der Tadel, den wir bei Nr. 134 hinsichtlich des Bauernzuges g4—g3 ausgesprochen

Nr. 133.

W. v. Holzhausen

D. Wsch. 8. 11. 1914 (12227)[1])

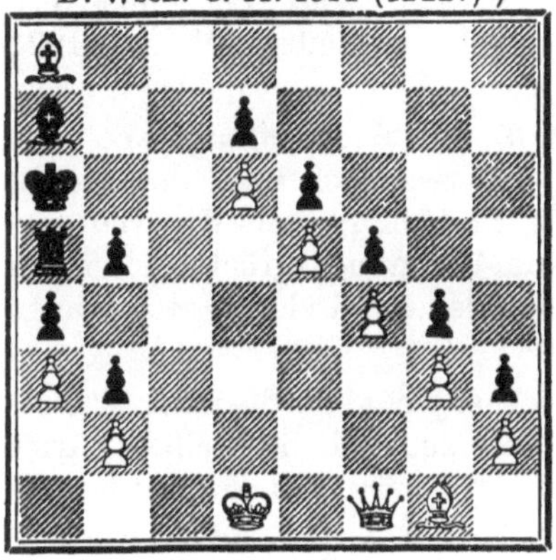

Matt in 4 Zügen

1. Ld4 Lb6 2. Lc5 L:c5
3. Dh1 Kb6 4. Db7‡
1. ... L:d4 2. Dh1 Kb6
3. Db7† Kc5 4. Dc7‡

Nr. 134.

W. v. Holzhausen

D. Wsch. 28. 4. 1907 (7456)

Matt in 4 Zügen

1. Lg6 g3 2. Le4 Da4
3. K:d2 D† 4. S‡
1. ... Da4 2. K:d2 D†
3. S† Df5 4. L:f5‡

Nr. 135.

W. v. Holzhausen

[V.] Akad. Schachbl. IX.-X. 1903 (124)

Matt in 4 Zügen

1. Tg2 2. Tf2 3. Tf1

Nr. 136.

W. v. Holzhausen

D. Wsch. 23. 11. 1913 (11778)

Matt in 4 Zügen

1. Te2 b3 2. Td2 D:d2 3. D:d2
1. ... ... 2. ... Dc5 3. D:c5
Nach 1. Td2 D:d2 2. D:d2 b3
fehlt dem Weißen das Tempo.

[1]) Die Aufgabe war ursprünglich für die Jubiläums-Festschrift des Rigaer Schachvereins vorgesehen, konnte aber infolge des Kriegsausbruchs ihrer Bestimmung nicht mehr zugeführt werden.

haben, trifft hier in verdoppeltem Maße zu. — Die Aufgabe erschien ursprünglich in nebenlösiger Fassung. Die vorliegende Verbesserung steht im D. Wsch. vom 11. 6. 1905; in den Akad. Schachblättern konnte sie nicht mehr gebracht werden, weil diese Zeitschrift Ende 1903 nach dreijährigem Bestehen einging.

Nr. 136 fungierte zusammen mit 57 als Widmungsaufgabe zum 70. Geburtstag von Carl Kockelkorn. Sie erscheint jedoch nicht würdig, mit dem Namen dieses großen Problemmeisters dauernd verknüpft zu bleiben. Ich ziehe daher die Widmung zurück, indem ich ein anderes Stück (Nr. 138) zur Ehrung des inzwischen Verstorbenen bestimme.

Viel gelungener als die vorige Aufgabe ist jedenfalls die nachstehende Widmung an Kohtz (Nr. 137). Hier befinden sich die weißen Türme anfangs in undienlicher Verdoppelung. Sie müssen daher entdoppelt oder gestaffelt werden, und zwar möglichst entfernt vom schwarzen König, also auf der g- und h-Linie. Sofortiges Tg1 oder Tg3 wäre allerdings nicht am Platze, denn Weiß müßte nach Ta2—b2 seine günstige Turmstaffelung doch wieder aufgeben. Diese Staffelung darf vielmehr erst im 2. Zuge eingenommen werden, in dem Augenblick, wo der Schwarze durch Zugzwang genötigt ist, seine feste Verteidigungsformation Kc2 Tb2 Ba3 zu lockern. Da nun 1. Te1 sowie 1. Te3 allzu nahe an den schwarzen König heranrückt und durch 1. ... Kd2 widerlegt wird, kommen nur die Zugfolgen 1. Tf1 Tb2 2. Tg1 und 1. Tf3 Tb2 2. Tg3 in die engere Wahl. Auf den ersten Blick erscheinen sie gleichwertig, indessen scheitert die zweite in verschmitzter Weise an 2. .... Tb8†. Die auf dem Felde b8 entstehende weiße Dame bedarf nämlich eines freien Auslaufs nach h2, und der ist ihr nun durch den Turm auf g3 verstellt.

Nr. 138 ist eine Erweiterung des soeben besprochenen Vierzügers. Ich habe das Stück zur nachträglichen Widmung an Kockelkorn ausersehen, weil es bei meinem ersten und zugleich letzten Zusammentreffen mit dem verehrungswürdigen Altmeister (Köln, im September 1913) als mein neuestes Produkt Gegenstand unserer Unterhaltung gewesen war.

Durch die Erweiterung auf 5 Züge hat sich der Probleminhalt gerade verdoppelt, allerdings nicht der Umfang der eigentlichen Lösung, wohl aber die Zahl der Probespiele. Daß die Probespiele, ebensogut wie das Lösungsspiel selber, einen integrierenden Bestandteil des Probleminhalts bilden, ist ja schon zur Genüge dargelegt worden.

Hatten wir in 137 zwei „voreilige Versuche“, die den Weißen in Zugmangel versetzten (1. Tg1 Tb2 und 1. Tg3 Tb2), so haben wir

Nr. 137.
W. v. Holzhausen
D. Wsch. 20. 7. 1913 (11586b)
zum 70. Geburtstag von J. Kohtz

Matt in 4 Zügen

1. Tf1 Tb2 2. Tg1 ∼ (außer Tb8†) 3. Tg2† u. 4. Th1‡
1. ...... 2. ... Tb8† 3. a:b8D u. 4. Dh2‡
1. ... Kd2 2. Tf2† Ke1 3. T:a2 u. 4. Th1‡

Nr. 138.
W. v. Holzhausen
D. Wsch. 12. 10. 1913 (11719)
Dem Andenken C. Kockelkorns geweiht

Matt in 5 Zügen

1. Tg3 Tb2 2. Th3 a3 3. Tg1 ∼ 4. Tg2† u. 5. Th1‡
1. ...... 2. ... Kd2 3. Tf2† Ke1 4. T : b2 u. 5. Th1‡
1. ... Kd2 2. Tf2† Ke1 3. T:a2 Kf1 4. Tc3 u. 5. Tc1‡

in 138 deren vier, wennauch paarweise auf die gleiche Stellung hinauslaufend:

a) 1. Tg3 Tb2 2. Th1 a3
b) 1. Tg1 Tb2 2. Th3 a3
c) 1. Th3 Tb2 2. Tg1 a3
d) 1. Th1 Tb2 2. Tg3 a3

} und dem Weißen fehlt das Tempo.

Hatten wir in 137 zwei Tempospiele zur Auswahl (1. Tf1 Tb2 2. Tg1 und 1. Tf3 Tb2 2. Tg3), so haben wir in 138 wiederum vier:

A) 1. Tg3 Tb2 2. Th3 a3 3. Tg1
B) 1. Tg1 Tb2 2. Th1 a3 3. Tg3
C) 1. Th3 Tb2 2. Tg3 a3 3. Th1
D) 1. Th1 Tb2 2. Tg1 a3 3. Th3.

Unter diesen ist A die wirkliche Lösung, die drei übrigen sind Scheinlösungen, denn sie scheitern sämtlich an der Variante 2. .... Kd2. Die Fortsetzung nach 2. .... Kd2 besteht nämlich in jedem Falle darin, daß der untere Turm auf der 2. Reihe Schach bietet und sodann den Tb2 schlägt, indes der schwarze König auf das Schach nach e1 gegangen ist. Ob es im nächsten Zuge Matt wird, das hängt nun von dem Stande des oberen weißen Turmes ab. Steht er auf f3 (wie in B und D), dann zieht Schwarz einfach a4—a3 und das Mattfeld f1 bleibt vom König verteidigt. Steht er auf g3 (wie in C), so geht der schwarze König nach f1 und vereitelt so das Matt auf g1. Steht jedoch der Turm auf h3 (wie in A), dann wird es unweigerlich auf h1 Matt.

Bedurfte es bei Nr. 137, um die zweite Lösung zu unterdrücken, eines besonderen Kunstgriffs unter Zuhilfenahme des weißen Königs und der Bauernumwandlung, so ist bei 138 die Eindeutigkeit der Lösung durch die Position selber gegeben. Der Vierzüger trägt daher mehr den Stempel der künstlichen Erfindung, der Fünfzüger den der mathematischen Notwendigkeit.

In Nr. 138 ist der weiße König mit seinem Begleiter für die Lösung entbehrlich. Ich konnte mich aber doch nicht entschließen, ihn fortzulassen, wie es A. Gehlert in seiner Broschüre *Über das Wesen des Schachproblems* in solchen Fällen empfiehlt. (Wenn ich ihn ausnahmsweise in Nr. 119 vom Brette ließ, so geschah dies unter konstruktivem Zwange.) Etwas ganz anderes ist es natürlich bei einem Stellungsbild, das nicht als Problem, sondern nur als Erläuterungsschema gebracht wird.

Es folgen nun einige Damenstücke. — In Nr. 139 würde dem Weißen nach 1. D:e7 d6 das erforderliche Tempo fehlen. Die Dame

Nr. 139.
W. v. Holzhausen
D. Schachztg. V. 1927 (16217)

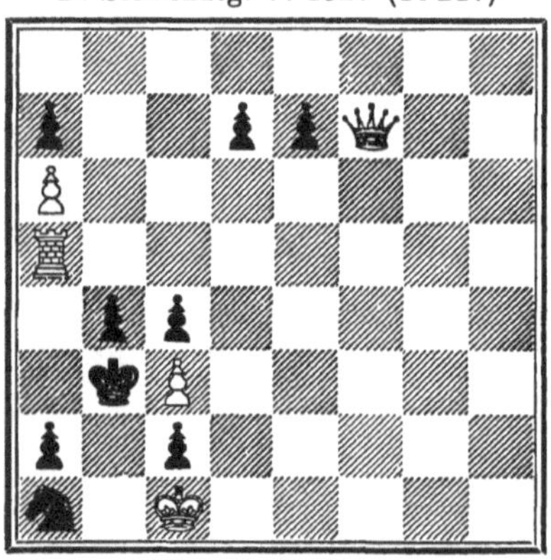

Matt in 3 Zügen

1. Df8 d6 2. D:e7 K:c3 3. De3‡
1. . . . . . . 2. . . . b:c3 3. Db7‡
1. . . . . . . 2. . . . d5 3. D:b4‡
1. . . . d5 2. D:e7 nebst 3. D‡
1. . . . K:c3 2. Df3† Kd4 3. Td5‡

Nr. 140.
W. v. Holzhausen
D. Schachztg. V. 1927 (16218)

Matt in 3 Zügen

1. Dg1 T:h8 2. Dg7 K:h4,Th6
3. Dg4‡
1. . . . . . . 2. . . . f5
3. Dg5‡
1. . . . . . . 2. . . . T∼
3. Dh7‡

Nr. 141.
W. v. Holzhausen

D. Wsch. 15. 5. 1924 (16525)

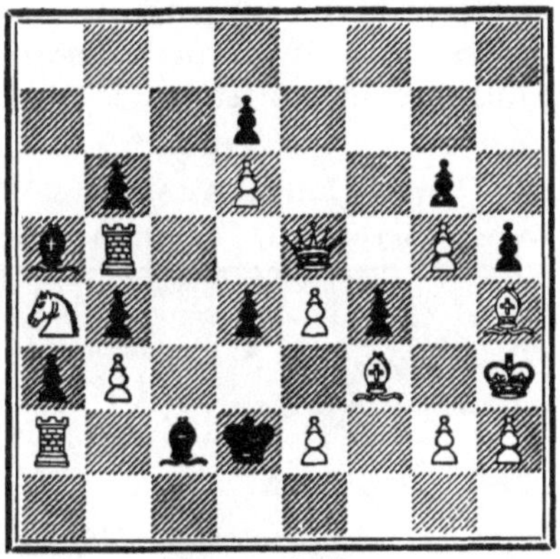

Matt in 3 Zügen

1. Df6 Kd1 2. D:f4 d3 3. e:d3‡
1. . . . . . . 2. . . . L∼ 3. Dd2‡
1. . . . d3 2. D:f4† Kd1 3. e:d3‡
1. . . . Kc1 2. D:d4 ∼ 3. Da1, Dg1‡
1. . . . Ke3 2. D:d4† K:d4 3. Lf2 ‡

Nr. 142.
W. v. Holzhausen
Lösungsturnier des Schachklubs Ingolstadt, 20. 2. 1921
D. Wsch. 6. 3. 1921 (15707)

Matt in 4 Zügen

1. Df1 a3 2. De2 Ta4 3. De8 (droh. 4. Da8‡) b4 4. D:a4‡

überläßt daher dem Bd7 höflichst den Vortritt („bitte, nach Ihnen!"), und diese Höflichkeit macht sich alsbald durch Tempogewinn bezahlt.

In Nr. 140 sieht 1. Dg7 entschieden stärker aus als 1. Dg1, weil es den schwarzen Turm mehr in Kontrolle hält. Es erweist sich jedoch als Hereinfall, denn Weiß hat nach 1. Dg7 T:h8 keinen tauglichen Wartezug.

Nr. 141 enthält eine Doppelsetzung des Tempogedankens: nach 1. D:f4† Kd1 wie auch nach 1. D:d4† Kc1 gerät der Anziehende in Zugmangel. Die Konstruktion hat viel Mühe gekostet, das sieht man der Aufgabe auch schon äußerlich an. Die Stellung gehört zu den „unmöglichen", da sich der ausgesperrte Lf3 hier nicht durch Bauernumwandlung erklären läßt.

In Nr. 142 kann man dem Schwarzen nichts Rechtes anhaben, ehe er nicht durch die Züge a4—a3 und Ta5—a4 seine Stellung selber aufgelockert hat. Dann aber entscheidet der Ausfall De2—e8, mit Doppelwirkung auf die Punkte a8 und a4. Die Dame, in ihrem Tempospiel an die Schräge a6—f1 gebunden, muß sich also zum richtigen Zeitpunkt auf dem Felde e2 für den Ausfall bereithalten. — Einen ganz ähnlichen Mechanismus hat P. A. Orlimont in seinem Vorplanproblem Nr. 59. Hier wie dort scheitern verfrühte Ausfälle auf die 8. Reihe am Aufziehen des schwarzen Springerbauern.

Bei 143 wird der Versuch 1. Df7 durch 1. ... Th6 widerlegt. Der Weiße hat dann keinen Tempozug, um den Rückmarsch des Turmes abzuwarten. Setzt er aber gleich mit 2. Lh7 den Angriff fort, so steht dem Gegner die Verteidigung 2. ... Tg6 zu Gebote. Anders in der wirklichen Lösung: dort geschieht Lh7 in dem Augenblick, wo der Turm wieder hinuntergezogen und durch das Bauernpaar g4/g5 an der Ausnutzung der g-Linie gehindert ist.

Nr. 143.
W. v. Holzhausen
D. Schachztg. IX. 1902 (10085)

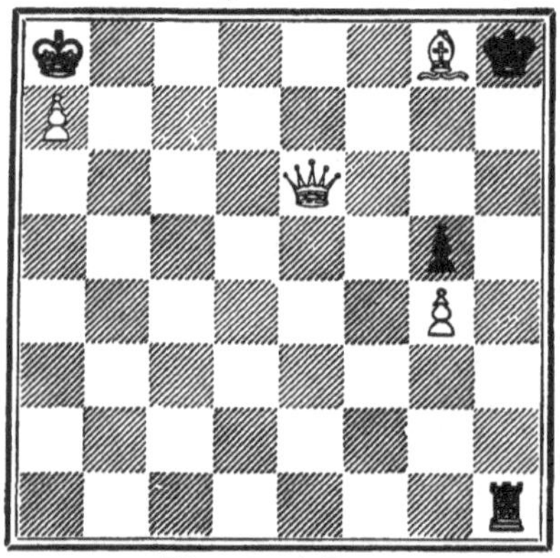

Matt in 4 Zügen

1. Dg6 (droh. 2. Lf7 u. 3. Dg8╪) Th6 2. Df7 Th1 3. Lh7 T:h7 3. Df8╪

Nr. 144.
W. v. Holzhausen
Rigaer Tageblatt 14. 12. 1913 (501)

Matt in 4 Zügen

1. Lb6 a:b6 2. Ta7 T:a7 3. La2 T:a2 4. Dc1╪
1. ... Tf4† 2. Lf2 u. s. w.

Das Problemmotiv, das bei 143 in ein Tempospiel eingekleidet ist, läßt sich auch in Form einer gewaltsamen Erzwingung darstellen, indem man zunächst eine Sperrung der g-Linie herbeiführt und sodann den schwarzen Turm nach h1 herunterholt: Ka8 Df7 Tc1 Le1 g8, Kh8 Th5 Sb1 b5 Bc7 h4 (1. Lg3 h:g3 2. Th1 T:h1 3. Lh7 T:h7 4. Df8╪). Das war sogar meine erste Fassung des Themas, veröffentlicht wurde sie aber nicht. Für solche robusten Manöver war damals, im Jahre 1902, die Zeit noch nicht gekommen! Im Jahre 1913 verfiel dann P. A. Orlimont auf den gleichen Gedanken, doch verzichtete er zu meinen Gunsten auf die Fertigstellung seines Entwurfes. Um diese großmütige Handlungsweise nach Gebühr zu würdigen, möge man bedenken, wie eifersüchtig sonst die Problemkomponisten ihr geistiges Eigentum zu wahren pflegen.

Daraufhin unterzog ich meine alte Skizze (1. Le1—g3) einer Umarbeitung und es entstanden daraus zwei verschwisterte Probleme.

Das eine habe ich schon unter Nr. 57 vorgelegt, das andere lasse ich unter Nr. 144 folgen. Hier enthält der Anfangszug 1. Lb6 ein Abschreckungsmoment in dem gefährlich aussehenden Turmschach auf f4. An dem Turmschach scheitert auch in der Tat der Versuch 1. Td4 Ta3! 2. Td3 Ta4! 3. Tb3. Die Bedeutung der schwarzen Dame erhellt aus den Lösungsversuchen 1. La2 Tb4 2. Tc7 Dh5!, 1. Dc1 Tb4 2. Le5† f:e5 3. T:a7† Da6!, 1. Dc1 Tb4 2. Td3 Tf4† 3. L:f4 Df8! und 1. D:a4† K:b1 2. Db3† Kc1 3. Ld6 Df8!.

Nr. 145.

Schema zu 123 u. 124

Matt in 2 Zügen

1. Lh6 nebst 2. L, T‡

Nr. 146.

Schema zu 142 u. 59

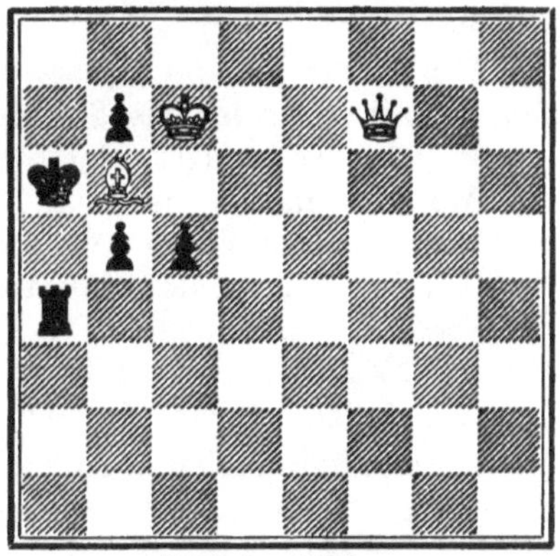

Matt in 2 Zügen

A) 1. De8 b4 2. D:a4‡ (vgl. 142)
B) 1. Dg8 b4 2. Dc4‡ (vgl. 59)

Nr. 147.

Schema zu 143 u. 144

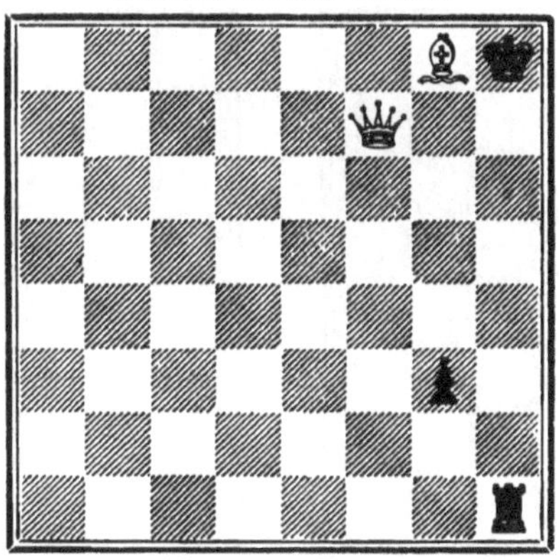

Matt in 2 Zügen

1. Lh7 T:h7 2. Df8‡

Es dürfte hier am Platze sein, einige allgemeinere Betrachtungen anzustellen. Sie beziehen sich auf die Problemkonstruktion und sind daher vornehmlich an die schaffenden Komponisten gerichtet.

Zugzwang und Tempospiel machen noch keine Problemidee aus. Mit diesen Begriffen vermag der Komponist nichts anzufangen, solange er nicht eine bestimmte positionelle Grundlage gewonnen hat. Ist aber eine solche vorhanden, so wird sie sich häufig nach verschiedenen Richtungen ausarbeiten lassen. Man kann daraus nach Belieben ein Tempo- oder ein Erzwingungsproblem herstellen, wie die Aufgabenpaare 123 und 124, 142 und 59, 143 und 144 dartun.

Um keinen Zweifel zu lassen, was mit der besagten „Grundlage" gemeint sei, setze ich die Schemata 145—147 hierher. Es sind Stellungen mit zweizügiger Mattführung. Diese Mattführung tritt bei der Ausarbeitung zu einem mehrzügigen Tempo- oder Erzwingungsproblem als Schlußspiel auf und trägt speziell beim Erzwingungsproblem den Namen des Hauptplans, zum Unterschied von den vorbereitenden Vorplänen. — Die Doppellösung des Schemas 146 deutet auf die Möglichkeit einer Nuancierung des Schlußspiels, wie sie ja bei dem Aufgabenpaar 142 und 59 auch wirklich anzutreffen ist.

In anderen Fällen wiederum liegt ein Dreizüger mit einfachem Zugzwang zugrunde. Hier ist also das Tempomotiv von Anfang an gegeben; mithin wird auch die kunstgerechte Erweiterung allemal zu einem Tempoproblem und nicht etwa zu einem Erzwingungsproblem führen.

Nr. 148.

Schema zu 132

Matt in 3 Zügen

1. Lf5 L:f5 2. Sg8† Kg6 3. Tg7‡

Nr. 149.

Schema zu 137

Matt in 3 Zügen

1. Tg3 ∼ 2. Th2† nebst 3. Tg1‡

Solche Stücke, wie Nr. 148—150, könnte man zur Not als fertige Aufgaben passieren lassen, doch sagt einem das feinere Gefühl, daß noch nicht das Letzte aus der Position herausgeholt ist. Erst durch die Steigerung des Tempomotivs wird dem Werk die Krone aufgesetzt. Die Einführung des beiderseitigen Zugzwanges erweist sich hier als ein treffliches Mittel, um einem kleinen glücklichen Positionsfund zu höherer Bedeutung zu verhelfen.

Nr. 150.
Schema zu 137
Endspielartige Fassung

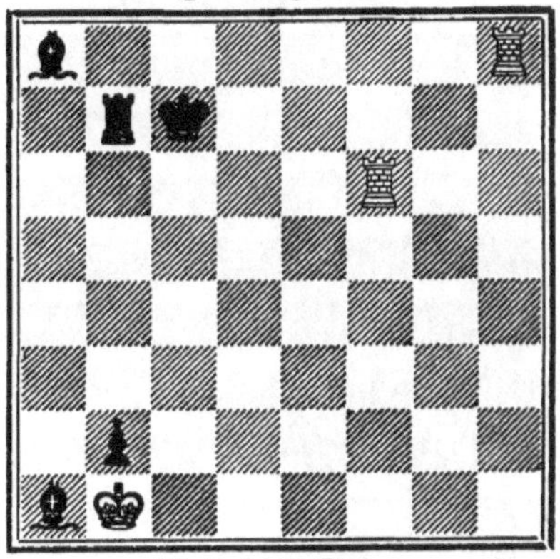

Matt in 3 Zügen
1. Tg6 ∼ 2. Th7† nebst 3. Tg8‡

Wir kehren jetzt von der Abschweifung zurück und treten in den letzten Abschnitt unserer Abhandlung ein.

In allen bisherigen Fällen erfolgte der Tempogewinn unter wiederholtem, in der Regel zweimaligem Ziehen einer und derselben weißen Figur. Die Handlung kann sich aber auch auf zwei weiße Steine verteilen. Das Tempomotiv drückt sich dann in der Reihenfolge der beiden Züge aus. Bei falscher Zugfolge gerät Weiß in Temponot, bei richtiger Zugfolge wird die Zwangslage vermieden. Ich habe diese Gattung von Tempospielen schon in den *Brennpunktproblemen* v. 1926 auf S. 41ff. erörtert und durch die Diagramme 38—40 illustriert. Hier mögen nun zur Abwechslung einige andere Beispiele folgen.

Bei Nr. 151 handelt es sich darum, die Stellung w. Tg8 schw. Lg7 mit „Schwarz am Zuge" herbeizuführen. Zur Hinzwingung des schwarzen Läufers auf das Feld g7 bieten sich die beiden Züge 1. Tg8 und 1. Lg7. Wählt man die opferlose Methode 1. Tg8 Lg7, so ist der Läufer auf h8 eingesperrt und hat keinen Tempozug mehr. Beginnt man dagegen mit dem Opfer 1. L:g7 Lg7, dann hat der weiße Läufer seinen Tempozug gewissermaßen vorweggenommen, es folgt nun 2. Tg8 und alles ist in der gewünschten Ordnung.

Nr. 152 zeigt die Einsperrung in verstärkter, wennauch nicht verschönerter Form: nach 1. Tg8 Lg7 sind gleich zwei weiße Figuren, nämlich Lh8 und Th7, zur Untätigkeit verdammt. Die Fortsetzung 2. T:h6 L:h6 3. Tg1† würde dem schwarzen Läufer das Zwischensetzen auf c1 gestatten, und auch mit 2. f3 oder 2. f4 läßt sich wegen der Entgegnung 2. ... Ld4 kein Tempo gewinnen. Aus dem gleichen Grunde war auch in der vorigen Fassung 151 nach 1. Tg8 Lg7 kein Tempozug mit dem Tf2 möglich gewesen.

Nr. 151.
W. v. Holzhausen
D. Wsch. 31. 12. 1905 (6689)

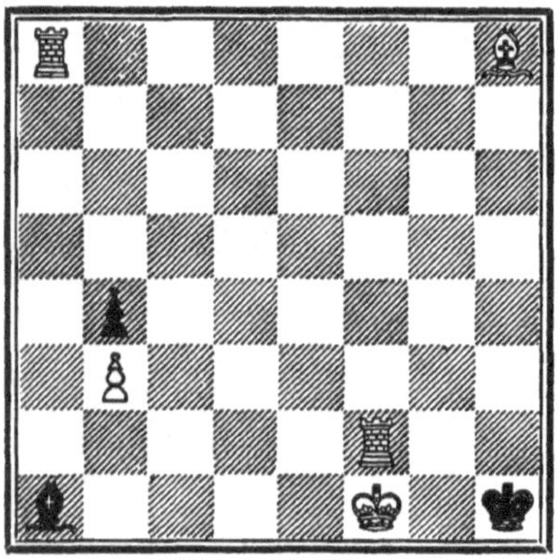

Matt in 3 Zügen

1. Lg7 L:g7 2. Tg8 L∼ 3. Tg1‡

Nr. 152.
W. v. Holzhausen
Variation von Nr. 151

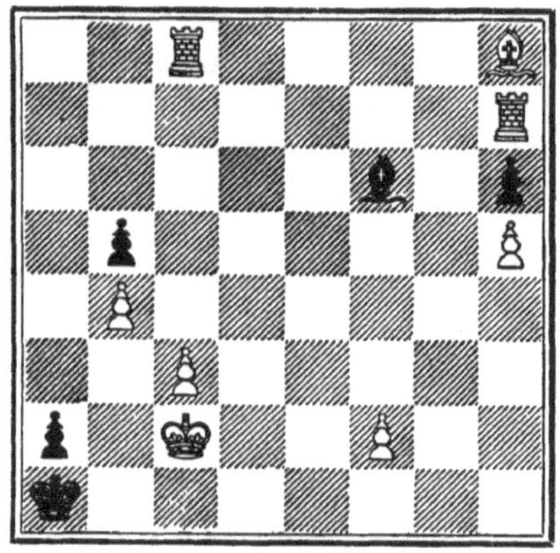

Matt in 3 Zügen

1. Tg7 L:g7 2. Tg8 L∼ 3. Tg1‡
(1. ... Lg5 2. T:g5 h:g5 3. c4‡)

Nach demselben Muster ist Nr. 153 gebaut. Hier heißen die beiden gegebenen Züge, auf deren richtige Reihenfolge es ankommt, D:a4† und Sc2. Durch beide läßt sich die Antwort 1. ... T(:)c2 erzwingen. Aber nach 1. Da4† Tc2 hat der Springer keinen brauchbaren Zug, denn 2. Sb3 würde den Tc2 entfesseln und 2. S:c2 überhaupt die ganze Stellung zerstören. Darum ist der Zug Sc2 als erster vorwegzunehmen. Als Besonderheit dieser Aufgabe wäre noch zu bemerken, daß der Springerzug zugleich eine Räumung enthält, indem er das Mattfeld a1 für die Dame freimacht.

Nr. 153.
W. v. Holzhausen
Rigaer Tageblatt 19. 2. 1911 (418)

Matt in 3 Zügen

1. Sc2 T:c2 2. D:a4 Kc1 3. Da1‡

Nr. 154 und 155 sind Variationen eines und desselben Problems. Ich bedaure nachträglich, die einfachere Fassung unterdrückt und dafür die schwülstige veröffentlicht zu haben. Denn die Schachgefahr auf a4, welcher der weiße Ka8 im 1. Zuge und nach 1. ... Tc4 2. S:c3 auch noch im 2. Zuge ausgesetzt ist, samt dem Verführungsspiel (1. Tb8 c5) 2. La4 Tb3!, bietet doch wohl kein Äquivalent für den wahrhaft barbarischen Figurenklumpen, der sich in Nr. 155 um den schwarzen König versammelt hat.

Nr. 154.

W. v. Holzhausen

Vereinfachte Fassung von Nr. 155

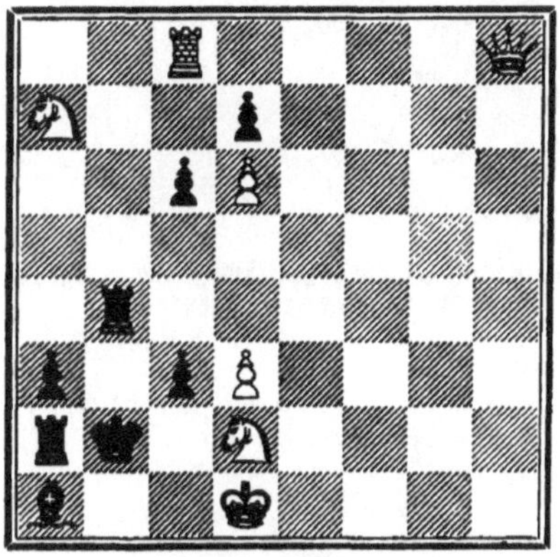

Matt in 3 Zügen

1. Sb5 T:b5 2. Tb8
1. ... Tc4, Tb3 2. S:c3
1. ... Td4 2. D:d4

Nach 1. Tb8 c5 fehlt dem Weißen das Tempo. Gleiches gilt von Nr. 155.

Nr. 155.

W. v. Holzhausen

D. Wsch. 26. 9. 1920 (15576)

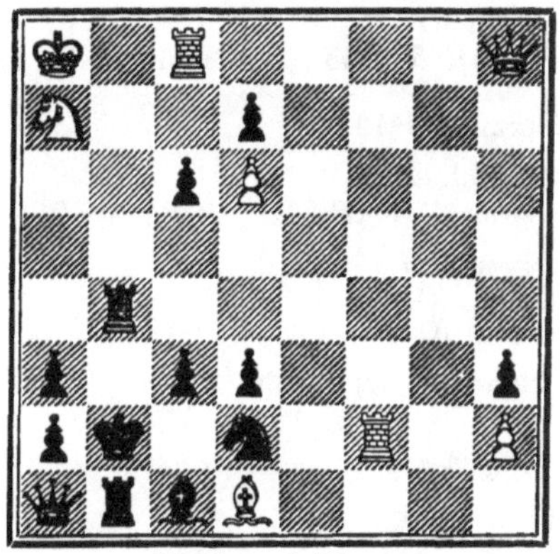

Matt in 3 Zügen

1. Sb5 T:b5 2. Tb8
1. ... Tc4, Tb3 2. S:c3
1. ... Ta4† 2. L:a4
1. ... Td4 2. D:d4

Der Versuch 1. Tb8 scheitert nicht, wie man erwarten sollte, an 1. ... Tb5, sondern an 1. ... c5. Wir stoßen hier im Probespiel auf die Verteidigungsstellung schw. Tb4 Bc5, während die wirkliche Lösung die Konstellation schw. Tb5 Bc6 aufweist. Probespiel und Lösung sind also diesmal in ihrer Figurenstellung nicht identisch, sondern nur analog. Demnach bildet die Aufgabe 154/155 eine Ausnahme von der sonst für die Tempospiele gültigen Identitätsregel.

Namenverzeichnis.

Diagramm-Nummern fett gedruckt, im übrigen Seitenzahlen.
Vw. weist auf das Vorwort hin.

L e h r b ü c h e r

ABC des Schachspiels. Anleitung zur raschen Erlernung der Schachspielkunst und Einführung in die Problemkomposition. Von **J. Minckwitz.** Vierte, von R. MAX BLÜMICH völlig umgearbeitete Auflage. Oktav. VIII, 166 Seiten. 1925. 4.—, geb. 5.—

„*Im ganzen eine durchaus gelungene Umgestaltung des Werkes, das in seiner jetzigen Form auch von dem fortgeschritteneren Schachjünger mit Vorteil benutzt werden wird, und das daher der Anfänger, wenn er über die ersten Anfangsgründe des Spieles hinausgelangt ist, noch lange nicht aus der Hand zu legen braucht.*“
Neue Leipziger Zeitung.

Handbuch des Schachspiels. Von **P. R. von Bilguer** (v. d. Lasa). Achte, von Carl Schlechter unter Mitwirkung fachmännischer Autoritäten neubearbeitete Auflage. Mit dem Bildnis von P. R. VON BILGUER und mit vielen Diagrammen. Mit Ergänzungsheft von JACQUES MIESES. Unveränderter Neudruck. Royal-Oktav. XI, 1091 Seiten. 1922. 30.—, geb. 32.50

„*Das Bilguersche Handbuch ist von jeher als die bedeutendste Erscheinung auf dem Gebiete der gesamten Schachliteratur bekannt. Wir empfehlen nochmals allen Schachspielern den Bezug des Welthandbuchs.*“ *Münchener Neueste Nachrichten.*

„*. . . Glänzend! Das genügt! Eine Kritik zu üben wäre Verrat am Heiligtum, denn das ist der „Bilguer“ für den Schachspieler.*“ *Die Post.*

Ergänzungsheft, umfassend die Jahre 1914—1927. Herausgegeben von Schachmeister **Hans Kmoch.** Royal-Oktav. Erscheint im Dezember 1928. Preis etwa 2.50

Die Schachschule. Leichtfaßlicher Lehrgang zur raschen und gründlichen Erlernung des Schachspiels. Von **Johannes Metger.** Zweite, verbesserte Auflage. Oktav. VIII, 110 Seiten. 1925. 2.50, geb. 3.50

Nachdem in der Einleitung die Anfangsgründe und die Spielregeln dargestellt werden, erläutert der Verfasser ausführlich das praktische Spiel an der Hand gespielter Meisterpartien, die gut und eingehend durchgearbeitet werden.

Die Schachpartie. Leichtfaßlicher Katechismus, die Schachspielkunst nach neuer Methode schnell, gründlich und bequem zu erlernen. Von **Franz Gutmayer.** Zweite, völlig umgearbeitete und vermehrte Auflage. Mit einem Titelbild (Wettkampf Anderssen-Morphy), 11 Abbildungen im Text und 443 Diagrammen. Groß-Oktav. VIII, 214 Seiten. 1920. 4.20, geb. 5.—

„*Das Lehrbuch ist als eine Vorübung zu denken für den „Weg zur Meisterschaft“. Es enthält einen kurzen Abriß aus der Geschichte und der Entwicklung des Schachspiels und bringt dann eine große Zahl von Stellungen, Endspielen, Aufgaben, Studien und Partien, durch die dem Anfänger das Wesen des Spiels in faßlicher Form klargemacht wird.*“ *Hannoverscher Kurier.*

Schachstrategie. Einführung in den Geist der praktischen Partie. Von **Eduard Lasker.** Fünfte, neubearbeitete Auflage. Erscheint im Oktober 1928.

„*Das Buch ist nach Inhalt wie Ausstattung vorzüglich und besonders solchen, die schon etwas fortgeschritten sind, nur zu empfehlen. Daß die vierte Auflage erschienen ist, beweist mehr als viele Worte den Wert dieses Schachspiels.*“
Deutsche Schachblätter.

Grundzüge der Schachstrategie. Von **J. R. Capablanca,** Weltschachmeister. Autorisierte deutsche Übersetzung, besorgt von Professor Dr. G. WIARDA. Mit 150 Diagrammen. Oktav. VI, 144 Seiten. 1927. 5.—, in Leinen geb. 6.—

Beim Studium dieses Buches lernt man verstehen, daß der Verfasser große und größte Erfolge haben muß. Der Anfänger wie der Fortgeschrittene, selbst der Meister wird bei dem Studium dieses Werkes nicht allein hohen Genuß haben, sondern auch für seine Spielstärke großen Nutzen daraus ziehen.

Das Mittelspiel im Schach. Von **Eugen Snosko-Borowsky.** Aus dem Englischen übersetzt von Dr. CHRISTOPH JOBST und Dr. FRIEDRICH PALITZSCH. Mit 100 Diagrammen. Oktav. VIII, 180 Seiten. 1926. 7.—, geb. 8.50

„Das Lehrbuch ist ein erster, glänzend gelungener Versuch, die ebenso komplizierte wie umfangreiche Materie zu meistern. So klar und faßlich die Sprache, so übersichtlich ist die Gliederung des Werkes. Das gewaltige Werk des russischen Schachdenkers bedeutet einen Markstein in der Geschichte der gesamten Schachliteratur. Für den Lernenden wie überhaupt für jeden denkenden Schachspieler wird das Buch von größtem Nutzen sein." *Pilsener Tageblatt.*

Theorie und Praxis der Endspiele. Ein Handbuch für Schachfreunde. Von **Johann Berger.** Zweite Auflage, mit neuem und erweitertem Text. Groß-Oktav. VIII, 588 Seiten. 1922. 13.—, geb. 14.50

„Ein berühmtes Schachwerk, das 1890 zum erstenmal erschien, kann nun in neuem, mit Riesenfleiß umgearbeitetem und erweitertem Umfang eine Zweitauflage erleben. Was der Bilguer für die Eröffnung ist, ist Berger für das Endspiel. Berger ist das standard work des Endspiels; es ist für den Spielpraktiker wie für die Endspieltheoretiker und für den Endspielkomponisten unentbehrlich." *Augsburger Neueste Nachrichten.*

Endspielstudien. Von **Johann Sehwers.** Mit einem Bildnis. Oktav. XVII, 88 Seiten. 1922. 3.—

„Diese Endspielstudien sind prächtige Kompositionen, sicherlich geeignet, das Interesse an der Kunststudie zu fördern und deren Liebhabern durch die Beschäftigung mit ihnen große Freude zu bereiten." *Essener Anzeiger.*

Streifzüge durch das Gebiet des Schachproblems. Von Dr. **Hermann von Gottschall.** Mit dem Bildnis des Verfassers und 783 Diagrammen. Oktav. VIII, 246 Seiten. 1926. 12.—, geb. 13.50

„An der Hand von 760 erstklassigen Schachaufgaben wird in geistreicher, doch nie ermüdender Weise dem Schachfreund das schwierige Gebiet des Problemwesens erschlossen, wobei die hervorragenden pädagogischen Fähigkeiten des berühmten Verfassers besonders zur Geltung kommen. Das Buch ist ein Meisterwerk, dessen Studium jedem Problemfreund wärmstens empfohlen werden kann." *Reichspost, Wien.*

Psychologie des Schachspiels auf der Grundlage psychotechnischer Experimente an den Teilnehmern des Internationalen Schachturniers zu Moskau 1925. Herausgegeben im Auftrage des Laboratoriums für experimentelle Psychologie und Psychotechnik in Moskau von den Professoren **Djakow, Petrowski** und **Rudik.** Autorisierte Übersetzung von W. BRANNASKY. Mit 11 Figuren im Text. Oktav. IV, 61 Seiten. 1927. 3.50

„Das mit vielen Textfiguren illustrierte Werk ist ein hochbedeutsames Novum in der Schachliteratur. Noch nie wurden psychotechnische Experimente an Schachmeistern in solcher Ausdehnung und wissenschaftlichen Systematik ausgeführt wie gelegentlich des Moskauer Turniers 1925. Es sei jedem Schachspieler, besonders dem psychologisch Interessierten, angelegentlichst empfohlen." *Opladener Zeitung.*

Logik und Zweckeinheit im neudeutschen Schachproblem. Von **W. Freiherrn von Holzhausen.** Erscheint im November 1928.

Der Weg zur Meisterschaft. Anleitung zur musterhaften Führung von Schachpartien auf neuer Grundlage. Von **Franz Gutmayer.** Vierte, völlig umgearbeitete und verbesserte Auflage. Mit Titelbild (Paul Morphy), 7 Abbildungen im Text und vielen Diagrammen. Oktav. VIII, 182 Seiten. 1923. 4.—, geb. 4.80

„Lebhafter Stil, originelle Zugbemerkungen gestalten das Buch zu einer interessanten Lektüre, und für den, der Schachtalent besitzt, weist es in der Tat: den Weg zur Meisterschaft." Bremer Volksblatt.

Turnierpraxis. Ein Buch für ernstes Spiel. Von **Franz Gutmayer.** Mit vielen Diagrammen und einem Bildnis. Oktav. VII, 134 Seiten. 1922. Geb. 4.20

„Gutmayers „Turnierpraxis" ist ein Buch, das ich nur loben und in die Hände aller Strebsamen wünschen kann. Es will das Handeln, den „ersten Faktor" im Schach, fördern. Das gelingt dem Buche, unterstützt von ausgezeichneten Diagrammen, in vorzüglicher Weise." Bremer Volksblatt.

Schachminiaturen. Eine Problemsammlung. Von Dr. phil. **Oscar Blumenthal.** Erster Teil. Zweite Auflage. Mit 360 Diagrammen. VIII, 147 Seiten. 1921. 4.—

„Uns ist kein anderes Buch der Aufgabenliteratur bekannt, das in gleicher Weise geschmackbildend zu wirken vermöchte." Die Quelle.

Böhmische Schachminiaturen. 100 ausgewählte Aufgaben böhmischer Problemkomponisten. Von **Friedrich Dedrle.** Oktav. VIII, 100 Seiten. 1922. 2.40

Diese Blütenlese gesellt sich würdig zu den früher erschienenen Schachminiaturen Blumenthals.

Die Wiener Partie. Eine schachtheoretische Abhandlung. Von **Curt von Bardeleben.** Oktav. 80 Seiten. 1893. 3.—

Schachprobleme. Mit einer Einführung in die Theorie des Schachproblems. Von **Philipp Klett,** Major a. D. Oktav. VI, 227 Seiten. 1878. 5.—

Der kleine Problemfreund. Eine Sammlung leichter zweizügiger Schachaufgaben nebst einer Anleitung zur Lösung. Von Pastor **H. Adolphi.** Mit zahlreichen Diagrammen. Oktav. 48 Seiten. 1896. 1.—

Radio-Schach. Leichtfaßliches Lehrbuch für Funkhörer. Von **Edmund Nebermann,** Erster Schachfunkleiter, Berlin. Mit Schachspiel. Oktav. VIII, 62 Seiten. 1926. In Leinen geb. 3.—

„Durch sechzehn Vorträge, die der Verfasser auf Grund seiner Erfahrungen als Schachfunkleiter unter Berücksichtigung der Anregungen seiner Hörer zusammengestellt hat, erreicht er sein Ziel, ein Schrittmacher der Schachspielkunst zu sein. Das Werk ist ein ausgezeichnetes Lehrbuch des Spiels, natürlich auch für Nichtfunkhörer. Wir wünschen dem Buch weite Verbreitung." Hamburger Fremdenblatt.

150 Schachkuriositäten. Gesammelt von **Problematicus.** Mit 151 Diagrammen. Groß-Oktav. IV, 80 Seiten. 1910. 2.30

Eine Sammlung von 150 Schachaufgaben.

Lachschach. Von **Paul Schellenberg.** Mit zahlreichen Diagrammen. Zweite, veränderte Auflage. Klein-Oktav. IV, 157 Seiten. 1921. 2.50, geb. 3.—

Biographien / Erinnerungen

Die nachstehenden Biographien und Erinnerungen vermitteln ein unschätzbares Schachwissen sowie die Überlieferung feinster, subtilster Schachkultur und Schachtradition. Sie sind Lehrbücher in einer besonderen Form! Nicht systematisch liegt der Inhalt da, sondern vielfältig, wie die Situationen beim Schach es eben sind; und über allem liegt das Persönliche der Meisterspieler, von dem aus allein ihre große Kunst zu verstehen ist.

Paul Morphy. Sammlung der von ihm gespielten Partien. Mit ausführlichen Erläuterungen. Von **Géza Maróczy.** Mit einem Titelbild, 7 Abbildungen im Text und vielen Diagrammen. Zweite, völlig umgearbeitete Auflage. Groß-Oktav. X, 290 Seiten. 1925. 8.—, geb. 9.50

„Das Bemerkenswerteste an der Maróczyschen Arbeit ist die lebendige, überaus anregende Schilderung des Werdegangs, der Kämpfe, Triumphe und des schließlichen tragischen Geschickes des geistvollen und doch so bescheidenen Amerikaners. Der Leser verfolgt jede Phase mit gespanntestem Interesse. Die ebenso sorgfältigen wie tiefgründigen Erläuterungen des Meisters Maróczy bieten dem Anfänger wie dem erfahrenen Schachfreund reiche Belehrung und Anregung.“ Das Echo.

Adolf Anderssen, der Altmeister deutscher Schachspielkunst. Sein Leben und Schaffen. Von Dr. **Hermann von Gottschall,** Justizrat. Mit 17 Bildnissen, 3 Beilagen und zahlreichen Diagrammen. Lexikon-Oktav. VIII, 545 Seiten. 1912. 14.—, geb. 15.50

Ein in großem Stile gehaltenes Werk, durch welches dem Andenken des gefeierten deutschen Schachmeisters, dem die deutsche Schachspielkunst ihr hohes Ansehen verdankt, endlich ein würdiges Denkmal gesetzt wird. Den unermüdlichen Nachforschungen des Herausgebers ist es gelungen, zahlreiche der Vergangenheit anheimgefallene und überhaupt noch nicht in weiteren Kreisen bekanntgewordene Partien neu zu entdecken.

Schacherinnerungen des jüngsten Anderssen-Schülers. Von **Fritz Riemann,** Stadtrat a. D. in Erfurt. Mit vielen Diagrammen im Text und einem Bildnis des Verfassers. Lexikon-Oktav. VI, 514 Seiten. 1925. 17.—, geb. 20.—

„Die Partien sind mit sorgfältigen Anmerkungen versehen, die nicht bloß auf starke Spieler berechnet sind. Sehr angenehm ist es, daß bei fast jeder Partie ein besonders bemerkenswerter Augenblick durch ein „Stellungsbild“ veranschaulicht wird; zuweilen sogar zwei solche. Jeder Schachfreund muß an diesen Partien seine Freude haben und kann Belehrung daraus schöpfen.“ Deutsche Literaturzeitung.

Meine sechs Partien mit Dr. Tarrasch. Gespielt im Herbst 1916 zu Berlin. Mit ausführlichen Erläuterungen. Von Dr. **Emanuel Lasker.** Oktav. 20 Seiten. 1917. 1.—

Probleme, Studien und Partien 1862—1912. Von **Johann Berger.** Mit 458 Diagrammen und dem Bildnis des Verfassers. Groß-Oktav. XII, 254 Seiten. 1914. 6.50

Meine hundert besten Partien. Von **A. Aljechin.** Erscheint im November 1928.

Wettkämpfe / Turniere / Kongresse

Wettkämpfe, Turniere und Kongresse sind die Hochfeste, die Olympiaspiele des großen Schachlebens. Die auf ihnen gespielten Partien behalten für alle Zeiten ihren Wert: immer wieder holen sich Schachspieler aus ihnen Rat und Anregung, neue Gesichtspunkte und neue Erkenntnisse, und immer haben sich die Berichte der Wettkämpfe, Turniere und Kongresse als ein besonders wichtiges Gebiet einer gepflegten Schachbücherei erwiesen.

Mein Wettkampf mit Capablanca. Von Dr. **Emanuel Lasker.** Mit 6 Diagrammen. Oktav. VI, 38 Seiten. Zweiter, unveränderter Neudruck. 1926. 1.60

Der Schachwettkampf Tarrasch—Mieses im Herbst 1916. Mit ausführlichen Erläuterungen herausgegeben von Dr. **S. Tarrasch.** Nebst einer Abhandlung über die französische und schottische Eröffnung. Mit einem Titelbild. Oktav. VI, 102 Seiten. 1916. 3.—

Der Schachwettkampf Schlechter—Tarrasch auf dem Jubiläumskongreß des Kölner Schachklubs im Sommer 1911. Herausgegeben und erläutert von Dr. **S. Tarrasch.** Nebst ausgewählten Partien der beiden Hauptturniere, erläutert von Professor Dr. Deichmann. Mit einem Titelbild. Oktav. XII, 138 Seiten. 1912. Geb. 6.20

Der Schachwettkampf Lasker—Tarrasch um die Weltmeisterschaft im August-September 1908. Mit einem Anhang: Neue Untersuchungen über Turmendspiele. Von Dr. **S. Tarrasch.** Oktav. 148 Seiten. 1908. 5.—

Der Schachwettkampf Lasker—Marshall im Frühjahr 1907. Mit Erläuterungen herausgegeben von Dr. **S. Tarrasch.** Oktav. IV, 56 Seiten. 1907. 2.50

Das internationale Schachturnier Moskau 1925. Im Auftrage des Turnier-Komitees bearbeitet von **E. Bogoljubow.** Mit einem Bildnis und vielen Diagrammen. Oktav. XII, 223 Seiten. 1927. 10.50, geb. 12.—

Das New-Yorker Schachturnier 1927. Von **A. Aljechin.** Erscheint im Oktober 1928. 6.50, geb. 7.50

Das Großmeister-Turnier New York 1924. Im Auftrage des Turniei-Komitees bearbeitet von **A. Aljechin (Alekhine).** Mit 11 Bildnissen und vielen Diagrammen. Groß-Oktav. XX, 337 Seiten. 1925. 12.50, in Leinen geb. 14.—

Mitteldeutsche Schachturniere 1923. Herausgegeben von Dr. **F. Palitzsch.** Mit einem Gruppenbild und vielen Diagrammen. Groß-Oktav. VII, 160 Seiten. 1924. 4.50

Das Champion-Turnier zu Ostende im Jahre 1907. Sammlung sämtlicher Partien mit ausführlichen Anmerkungen. Mit Genehmigung des Turnier-Komitees herausgegeben von Dr. **S. Tarrasch.** Groß-Oktav. 136 Seiten 1907. 4.—

Das große Schachturnier zu Nürnberg 1896. Sammlung sämtlicher Partien. In zweiter Auflage herausgegeben von Dr. **S. Tarrasch.** Oktav. XXX, 296 Seiten. 1921. 9.—